Enos Masheija Rwantale Kiremire

FENÓMENOS DE TRICOTOMIA NATURAL

Enos Masheija Rwantale Kiremire

FENÓMENOS DE TRICOTOMIA NATURAL

E O CARÁCTER MATRYOSHKA DOS AGLOMERADOS QUÍMICOS

ScienciaScripts

Imprint

Any brand names and product names mentioned in this book are subject to trademark, brand or patent protection and are trademarks or registered trademarks of their respective holders. The use of brand names, product names, common names, trade names, product descriptions etc. even without a particular marking in this work is in no way to be construed to mean that such names may be regarded as unrestricted in respect of trademark and brand protection legislation and could thus be used by anyone.

Cover image: www.ingimage.com

This book is a translation from the original published under ISBN 978-620-8-01122-2.

Publisher:
Sciencia Scripts
is a trademark of
Dodo Books Indian Ocean Ltd. and OmniScriptum S.R.L publishing group

120 High Road, East Finchley, London, N2 9ED, United Kingdom
Str. Armeneasca 28/1, office 1, Chisinau MD-2012, Republic of Moldova, Europe
Printed at: see last page
ISBN: 978-620-8-18487-2

Conteúdo

INTRODUÇÃO 2
CAPÍTULO 1 3
CAPÍTULO 2 9
CAPÍTULO 3 15
CAPÍTULO 4 17
CAPÍTULO 5 25
CAPÍTULO 6 27
CAPÍTULO 7 32
CAPÍTULO 8 47
CAPÍTULO 9 52
CAPÍTULO 10 58
CAPÍTULO 11 59
CAPÍTULO 12 62
RECONHECIMENTO 64
REFERÊNCIAS 65

INTRODUÇÃO

Com a descoberta da lei natural fundamental da natureza de dupla cobertura dos aglomerados químicos, foi possível analisar e categorizar centenas de uma vasta gama de aglomerados químicos. A lei natural fundamental pode ser expressa simplesmente como $K^* = D\ C^{zy}$ onde D representa a casca dos elementos do esqueleto do aglomerado que obedecem à série de electrões 14n, e a representa os elementos da casca C dos elementos do esqueleto que obedecem à série de electrões 12n. Além disso, o K^* é também referido como o parâmetro de categorização e y representa o número de elementos esqueléticos presentes na concha D, enquanto o y representa o número de elementos esqueléticos na concha C e o número total de elementos: n=z +y. Em geral, com base no parâmetro de categorização K^*, os aglomerados químicos podem ser divididos em TRÊS GRUPOS, a saber: aqueles cuja casca C é negativa, ou seja, C^{-y} numa extremidade, aqueles cuja casca D é negativa, D^{-z} noutra extremidade; e aqueles com ambos os índices de cobertura D^z e C^y no meio. Aqueles cujo invólucro C é negativo foram convenientemente designados por HIDROCARBONETOS, enquanto aqueles cujos índices z e y são positivos foram designados por CONVENCIONAIS e aqueles cujo invólucro D é negativo foram designados por METÁLICOS. O resumo é o seguinte:

$$K^* = D^z C^y \longrightarrow D^{-z} C^y \quad \text{(carácter metálico = MT)}$$

$$\longrightarrow D^z C^y \quad \text{(convencional = CV)}$$

$$\longrightarrow D^z C^{-y} \quad \text{(carácter hidrocarboneto = HC)}$$

CAPÍTULO 1

CONSIDERAR AGLOMERADOS DE ELEMENTOS QUÍMICOS HIPOTÉTICOS SELECCIONADOS

R-1: F=Sc2

n=2

VF=6

$K^*=D\ C^{zy}$

z+y=n=2

2+2z=VF-12n=6-12(2) =-18=J

z=J/2-1=-9-1=-10

y=n-z=2-(-10) =12

$K^*=D\ C^{-1012}$ (metálico)

VE=14z+2+12y=14(-10) +2+12(12) =6

K=2z-1 +3y=2(-10)-1 +3(12) =15

VE=18n-2K=18(2)-2(15) =6

K=2n+11

S=4n-22

VE=14n-22=14(2) -22=6

R-2: F=Sc2

n=2

VF=6

$K^*=D\ C^{zy}$

z+y=n=2

2+2z=VF-12n=6-12(2) =-18=J

z=J/2-1=-9-1=-10

y=n-z=2-(-10) =12

$K^*=D\text{-}C^{1012}$ **(metálico)**

VE=14z+2+12y=14(-10) +2+12(12) =6

K=2z-1 +3y=2(-10)-1 +3(12) =15

VE=18n-2K=18(2)-2(15) =6

K=2n+11

S=4n-22

R-3: F=Ti2

n=2

VF=8

$K^*=D\ C^{zy}$

z+y=n=2

2+2z=VF-12n=8-12(2) =-16=J

z=J/2-1=-8-1=-9

y=n-z=2-(-9) =11

$K^*=D\cdot c^{911}$ (metálico)

$VE=14z+2+12y=14(-9)+2+12(11)=8$

$K=2z-1+3y=2(-9)-1+3(11)=14$

$VE=18n-2K=18(2)-2(14)=8$

$K=2n+10$

$S=4n-20$

R-4: $F=V2$

$n=2$

$VF=10$

$K*=D\ C^{zy}$

$z+y=n=2$

$2+2z=VF-12n=10-12(2)=-14=J$

$z=J/2-1=-7-1=-8$

$y=n-z=2-(-8)=10$

$K*=D\text{-}c^{810}$ **(metálico)**

$VE=14z+2+12y=14(-8)+2+12(10)=10$

$K=2z-1+3y=2(-8)-1+3(10)=13$

$VE=18n-2K=18(2)-2(13)=10$

$K=2n+9$

$S=4n-18$

R-5: $F=Ci2$

$n=2$

$VF=12$

$K*=D\ C^{zy}$

$z+y=n=2$

$2+2z=VF-12n=12-12(2)=-12=J$

$z=J/2-1=-6-1=-7$

$y=n-z=2-(-7)=9$

K*=D·c^{79} (metálico)

$VE=14z+2+12y=14(-7)+2+12(9)=12$

$K=2z-1+3y=2(-7)-1+3(9)=12$

$VE=18n-2K=18(2)-2(12)=12$

$K=2n+8$

$S=4n-16$

$VE=14n-16=14(2)-16=12$

R-6: $F=Mn2$

$n=2$

$VF=14$

$K*=D\ C^{zy}$

$z+y=n=2$

$2+2z=VF-12n=14-12(2)=-10=J$

$z=J/2-1=-5-1=-6$

$y=n-z=2-(-6)=8$

K*=D· c^{68} (metálico)

VE=14z+2+12y=14(-6) +2+12(8) =14

K=2z-1+3y=2(-6)-1+3(8) =11

VE=18n-2K=18(2)-2(11) =14

K=2n+7

S=4n-14

R-7: F=Fe2

n=2

VF=16

K*=D C^{zy}

z+y=n=2

2+2z=VF-12n=16-12(2) =-8=J

z=J/2-1 =-4-1 =-5

y=n-z=2-(-5) =7

K*=D C^{-57} (metálico)

VE=14z+2+12y=14(-5) +2+12(7) =16

K=2z-1+3y=2(-5)-1+3(7) =10

VE=18n-2K=18(2)-2(10) =16

K=2n+6

S=4n-12

R-8: F=Co2

n=2

VF=18

K*=D C^{zy}

z+y=n=2

2+2z=VF-12n=18-12(2) =-6=J

z=J/2-1 =-3-1 =-4

y=n-z=2-(-4) =6

K*=D· c^{46} (metálico)

VE=14z+2+12y=14(-4) +2+12(6) =18

K=2z-1+3y=2(-4)-1+3(6) =9

VE=18n-2K=18(2)-2(9) =18

K=2n+5

S=4n-10

R-9: F=Ni2

n=2

VF=20

K*=D C^{zy}

z+y=n=2

2+2z=VF-12n=20-12(2) =-4=J

z=J/2-1 =-2-1 =-3

y=n-z=2-(-3) =5

K*=D· c^{35} (metálico)
VE=14z+2+12y=14(-3) +2+12(5) =20
K=2z-1+3y=2(-3)-1+3(5) =8
VE=18n-2K=18(2)-2(8) =20
K=2n+4
S=4n-8
R-10: F=Cu2
n=2
VF=22
K*=D C^{zy}
z+y=n=2
2+2z=VF-12n=22-12(2) =-2=J
z=J/2-1=-1-1=-2
y=n-z=2-(-2) =4
K*=D C^{-24} (metálico)
VE=14z+2+12y=14(-2) +2+12(4) =22
K=2z-1+3y=2(-2)-1+3(4) =7
VE=18n-2K=18(2)-2(7) =22
K=2n+3
S=4n-6
R-11: F=Zn2
n=2
VF=24
K*=D C^{zy}
z+y=n=2
2+2z=VF-12n=24-12(2) =0=J
z=J/2-1=0-1=-1
y=n-z=2-(-1) =3
K*=D C^{-13} (metálico)
VE=14z+2+12y=14(-1) +2+12(3) =24
K=2z-1+3y=2(-1)-1+3(3) =6
VE=18n-2K=18(2)-2(6) =24
K=2n+2
S=4n-4

R-12: F=Ga2

n=2

VF=6

K*=D C^{zy} z+y=n=2 2+2z=VF-2n=6-2(2) =2=J z=J/2-1=1-1=0 y=n-z=2-(0) =2

K*=D C^{02} (convencional)

VE=4z+2+2y=4(0) +2+2(2) =6 K=2z-1+3y=2(0)-1+3(2) =5 VE=8n-2K=8(2)-2(5) =6 K=2n+1

S=4n-2

R-13: F=Ge2

n=2

VF=8

K*=D C^{zy} z+y=n=2 2+2z=VF-2n=8-2(2) =4=J z=J/2-1=2-1=1 y=n-z=2-(1) =1

K*=D1 C^{1} (convencional)

VE=4z+2+2y=4(1) +2+2(1) =8 K=2z-1+3y=2(1)-1+3(1) =4 VE=8n-2K=8(2)-2(4) =8 K=2n-0

S=4n+0

R-14: F=As2

n=2

VF=10

K*=D C^{zy}

z+y=n=2 2+2z=VF-2n=10-2(2) =6=J

z=J/2-1 =3-1 =2

y=n-z=2-(2) =0

K*=D C^{20} (tipo de hidrocarboneto)

VE=4z+2+2y=4(2) +2+2(0) =10

K=2z-1+3y=2(2)-1+3(0) =3

VE=8n-2K=8(2)-2(3) =10

K=2n-1

S=4n+2

R-15: F=Se2

n=2

VF=12

K*=D C^{zy}

z+y=n=2

2+2z=VF-2n=12-2(2) =8=J

z=J/2-1 =4-1 =3

y=n-z=2-(3) =-1

K*=D C$^{3-1}$ (tipo de hidrocarboneto)

VE=4z+2+2y=4(3) +2+2(-1) =12 K=2z-1+3y=2(3)-1+3(-1) =2 VE=8n-2K=8(2)-2(2) =12

K=2n-2

S=4n+4

R-16: F=Br2

n=2

VF=14

K*=D C^{zy} z+y=n=2 2+2z=VF-2n=14-2(2) =10=J z=J/2-1 =5-1 =4 y=n-z=2-(4) =-2

K*=D C^{4-2} (tipo de hidrocarboneto)

VE=4z+2+2y=4(4) +2+2(-2) =14 K=2z-1+3y=2(4)-1+3(-2) =1 VE=8n-2K=8(2)-2(1) =14 K=2n-3

S=4n+6

R-17: F=Kr2

n=2

VF=16

K*=D C^{zy}

z+y=n=2

2+2z=VF-2n=16-2(2) =12=J

z=J/2-1=6-1=5

y=n-z=2-(5) =-3

K*=D C^{5-3} (tipo de hidrocarboneto)

VE=4z+2+2y=4(5) +2+2(-3) =16 K=2z-1+3y=2(5)-1+3(-3) =0 VE=8n-2K=8(2)-2(0) =16

K=2n-4

S=4n+8

CAPÍTULO 2

VARIAÇÕES NOS ELECTRÕES DE VALÊNCIA DOS AGREGADOS

Comecemos pelo cluster F=Sc2 com 6 electrões de valência e avancemos ao longo do período. De acordo com a teoria dos clusters, o cluster tem 2 elementos esqueléticos. O próximo grupo diatómico é F=Ti2 com 8 electrões de valência. O movimento Sc2 -->Ti2 envolve um aumento de dois electrões de valência do grupo. A mudança correspondente no símbolo de dupla capa é dada por $D\ C^{-1012}$ -D-$9C^{11}$. Como se pode ver, o número de elementos do esqueleto, em princípio, da camada C diminuiu 1, enquanto os da camada D também aumentaram 1. Numa análise mais profunda, isto implica que os dois electrões que entram entram preferencialmente na camada C, cujos elementos estão rodeados por 12 electrões, e se instalam num dos elementos do esqueleto que passa de 12 para 14 electrões. Assim, deixará de pertencer ao clube dos 12 elementos. Por conseguinte, passará para a camada D, cuja composição é de 14 electrões. Assim, à medida que nos deslocamos da esquerda para a direita na tabela periódica, a camada C diminui e a camada D aumenta. A transferência de dois electrões da camada C, positivamente carregada, para a camada D, negativamente carregada, dá origem à diminuição do carácter metálico e ao aumento do carácter não metálico. Esta observação é claramente evidenciada pelas alterações no parâmetro K* à medida que passamos de Sc2 para Kr2 no período 4 da tabela periódica.

$$D^{-10}C^{12} \longrightarrow D^{-9}C^{11} \longrightarrow D^{-8}C^{10} \longrightarrow D^{-7}C^{9} \longrightarrow$$

$$D^{-6}C^{8} \longrightarrow D^{-5}C^{7} \longrightarrow D^{-4}C^{6} \longrightarrow D^{-3}C^{5} \longrightarrow$$

$$D^{-2}C^{4} \longrightarrow D^{-1}C^{3} \longrightarrow D^{0}C^{2} \longrightarrow D^{1}C^{1} \longrightarrow D^{2}C^{0} \longrightarrow$$

$$D^{3}C^{-1} \longrightarrow D^{4}C^{-2} \longrightarrow D^{5}C^{-3}$$

O CARÁCTER METÁLICO DIMINUI $\longrightarrow$

		$VE=14z+2+12y$
SC2	$D\ C^{-10}12$	6
Ti2	□■$9C^{11}$	8
V2	D-8C10	10
Cr2	D-7C9	12
Mn_2	D-6C8	14
Fe2	D-5C7	16
C02	D-4C6	18
Ni2	D-3C5	20
CU2	$D^{-2}\ C4$	22
Zn2	$D^{-1}\ C3$	24
Ga2	D0C2	26-20=6
Ge2	$D1C^{1}$	28-20=8
AS2	D2C0	30-20=10
Se2	$D3C^{-1}$	32-20=12
BГ2	$D4C^{-2}$	34-20=14
KГ2	$D5C^{-3}$	36-20=16

Assim, quanto maior for a diminuição do índice y, menos metálico se torna o aglomerado, enquanto que quanto maior for a diminuição do índice z, mais metálico se torna o aglomerado.

Um movimento ao longo de um período, da direita para a esquerda, em que o número de electrões de valência do agregado diminui, é idêntico ao despojamento de uma cadeia de hidrocarbonetos através da remoção gradual de dois electrões. Isto é ilustrado pela remoção gradual dos grupos F=C10H22 e F=C9H20, conforme ilustrado nas **Tabelas 2 e** .

QUADRO 2. DESPROTONAÇÃO DE HIDROCARBONETOS E GERAÇÃO DE CARBOCÁTIONS

C10H22	62	D C$^{20\text{-}10}$	HC
C10H20	60	D C$^{19\text{-}9}$	HC
C10H18	58	D C$^{18\text{-}8}$	HC
C10H16	56	D C$^{17\text{-}7}$	HC
C10H14	54	D C$^{16\text{-}6}$	HC
C10H12	52	D C$^{15\text{-}5}$	HC
C10H10	50	D C$^{14\text{-}4}$	HC
C10H8	48	D C$^{13\text{-}3}$	HC
C10H6	46	D C$^{12\text{-}2}$	HC
C10H4	44	D C$^{11\text{-}1}$	HC
C10H2	42	D C^{100}	CV
C10	40	D9C^{1}	CV
Cio^{2+}	38	D C^{82}	CV
Cio^{4+}	36	D7C^{3}	CV
Cio^{6+}	34	D6C^{4}	CV
Cio^{8+}	32	D C^{55}	CV
Cio^{10+}	30	D C^{46}	CV
Cio^{12+}	28	D3C7	CV
Cio^{14+}	26	D C^{28}	CV
Cio^{16+}	24	D C^{19}	CV
Cio^{18+}	22	D C^{010}	CV
Cio^{2O+}	20	D C^{-111}	MT
Cio^{22+}	18	D C^{-212}	MT
Cio^{24+}	16	D C^{-313}	MT
Cio^{26+}	14	D C^{-414}	MT
Cio^{28+}	12	D C^{-515}	MT
Cio^{3O+}	10	D C^{-616}	MT
Cio^{32+}	8	D C^{-717}	MT
Cio^{34+}	6	D C^{-818}	MT
Cio^{36+}	4	D C^{-919}	MT
Cio^{38+}	2	D- C^{1020}	MT
Cio^{40+}	0	D C^{-1121}	MT

QUADRO 2. Continuação : DESPROTONAÇÃO DE HIDROCARBONETOS E GERAÇÃO DE CARBOCÁTIONS			
$C9H20$	56	$D C^{18\text{-}9}$	HC
$C9H18$	54	$D C^{17\text{-}8}$	HC
$C9H16$	52	$D C^{16\text{-}7}$	HC
$C9H14$	50	$D C^{15\text{-}6}$	HC
$C9H12$	48	$D C^{14\text{-}5}$	HC
$C9H10$	46	$D C^{13\text{-}4}$	HC
$C9H8$	44	$D C^{12\text{-}3}$	HC
$C9H6$	42	$D C^{11\text{-}2}$	HC
$C9H4$	40	$D C^{10\text{-}1}$	HC
$C9H2$	38	$D9C0$	CV
$C9$	36	$D8C^{1}$	CV
$C92+$	34	$D7C^{2}$	CV
$C94+$	32	$D C^{63}$	CV
$C9^{6+}$	30	$D C^{54}$	CV
$C98+$	28	$D C^{45}$	CV
$C910+$	26	$D C^{36}$	CV
$C912+$	24	$D C^{27}$	CV
$C914+$	22	$D C^{18}$	CV
$C916+$	20	$D0C9$	CV
$C918+$	18	$D C^{\text{-}110}$	MT
$C920+$	16	$D\text{-}2C^{11}$	MT
$C922+$	14	$D C^{\text{-}312}$	MT
$C924+$	12	$D C^{\text{-}413}$	MT
$C926+$	10	$D C^{\text{-}514}$	MT
$C928+$	8	$D C^{\text{-}615}$	MT
$C930+$	6	$D C^{\text{-}716}$	MT
$C932+$	4	$D C^{\text{-}817}$	MT
$C934+$	2	$D C^{\text{-}918}$	MT
$C936+$	0	$D C^{\text{-}1019}$	MT

QUADRO 3. REMOÇÃO DE UMA CADEIA DE UM AGLOMERADO DE CARBONILO E SEUS ANÁLOGOS		
$P_{dio}(CO)_{i8}$	$D7C^3$	CV
$P_{dio}(CO)_{i7}$	$D6C^4$	CV
$P_{dio}(CO)_{i6}$	$D5C^5$	CV
$P_{dio}(CO)_{i5}$	$D4C^6$	CV
$P_{dio}(CO)_{i4}$	$D\ C^{37}$	CV
$P_{dio}(CO)_{i3}$	$D2C^8$	CV
$P_{dio}(CO)_{i2}$	$D1C^9$	CV
$P_{dio}(CO)_{ii}$	$D\ C^{010}$	CV
$P_{dio}(CO)_{io}$	$D\text{-}1C^{11}$	MT
$P_{dio}(CO)_9$	$D\text{-}2C^{12}$	MT
$P_{dio}(CO)_8$	$D\ C^{-313}$	MT
$P_{dio}(CO)_7$	$D\ C^{-414}$	MT
$P_{dio}(CO)_6$	$D\text{-}5C^{15}$	MT
$P_{dio}(CO)_5$	$D\ C^{-616}$	MT
$P_{dio}(CO)_4$	$D\ C^{-717}$	MT
$P_{dio}(CO)_3$	$D\ C^{-818}$	MT
$P_{dio}(CO)_2$	$D\ C^{-919}$	MT
$P_{dio}(CO)_i$	$D\ C^{-1020}$	MT
P_{dio}	$D^{-1}\ 1C^{21}$	MT
S_{cio}	$D\ C^{-4656}$	MT
T_{iio}	$D\ C^{-4151}$	MT
V_{io}	$D\ C^{-3646}$	MT
C_{rio}	$D\ C^{-3141}$	MT
M_{nio}	$D\text{-}26C^{36}$	MT
F_{eio}	$D\ C^{-2131}$	MT
C_{oio}	$D\text{-}^{16}C2^6$	MT
N_{iio}	$D\ C^{-1121}$	MT
C_{uio}	$D\ C^{-616}$	MT
Z_{nio}	$D\text{-}1C^{11}$	MT
G_{aio}	$D4C^6$	CV
G_{eio}	$D9C^1$	CV
A_{sio}	$D\ C^{14\text{-}4}$	HC
S_{eio}	$D\ C^{19\text{-}9}$	HC

ЭН	£-ЭдО	
ЭН	г-Э^О	
ЭН	$13_e\ a$	гэ Д
ЭН	о3гО	^{s}sy

ЛЭ	1Э^а	гэо
ЛЭ	гЭоО	гво
J-IAI	еЭ^-а	гы/
Х1Л1	1?Эг-0	гпэ
Х1Л1	3ЭЕ-Q	^{S}!N
Х1Л1	эЭ^-С	год
Х1Л1	z3s-Q	
Х1Л1	вЭэ-С	⌐и|Λ|
Х1Л1	$_6$3 a_z	sjg
Х1Л1	окЭз-О	⌐Л
Х1Л1	L кЭб-О	^{S}!J_
Х1Л1	гкЭок-С	год
ЭН	бк-ЭдгС	° их
ЭН	п-э*гС	°ид

CAPÍTULO 3

CLUSTERS PARALELOS

$F=Au_9L^{3+}$; VF=112: Parallel; VF=112-10n=112-10(9) =22 $\equiv$ C_9^{14+};
$K^*=D^1C^8$

$F= Au_{10}L_6Cl_3^{1+}$; VF=124: Parallel; VF=124-10n=124-10(10) =24$\equiv$ C_{10}^{16+};
$K^*= D^1C^9$

O significado de D^{-z}
$K^*=D\ C^{-1012}$ (metálico)

Consideremos D^{-10} no caso do aglomerado Sc2. O símbolo D representa a série 14n. Isto significa que o cluster tem um défice de número de electrões de valência equivalente a VE=14z+2=14(-10) +2 contendo 10 elementos esqueléticos de escândio para que possa atingir a configuração do cluster $K^*=D\ C^{012}$. Para isso, é necessário que a soma dos electrões seja equivalente a D^{10} -2 contendo 10 elementos esqueléticos. O símbolo D^{10} -2 é equivalente a VE=14z+2-2=14z=14(10) =140. Como o Sc tem 3 electrões de valência, isto implica que o aglomerado necessitará de 10 elementos de escândio=30 electrões+110 electrões extra dos ligandos. Assim, o cluster complementar terá uma fórmula hipotética F=Sc10L55. Assim, se juntarmos este aglomerado aos dois elementos de escândio, obteremos o aglomerado final dado por F=Sc12L55 onde L é um dador de dois electrões. Vamos categorizar o aglomerado:

F=SC12L55
n=12
VF=146
$K^*=D\ C^{zy}$
z+y=n
K=12(7.5) +55(-1) =35
K(n)=35(12)
K=n+t=12+23
y=1+t-n=1+23-12=12
z=n-y=12-12=0
$K^*=D\ C^{012}$

Em alternativa, obtemos o símbolo de categorização da seguinte forma:
VF-12n=J=146-12(12) =2
z=J/2-1=1-1=0
y=n-z=12-0=12
Por conseguinte, $K^*=D\ C\ .^{012}$

Consideremos o seguinte agrupamento:
F=Ir4(CO)12
n=4
K=4(4.5) +12(-1) =6

$K(n)=6(4)$

$K=n+t=4+2$

$y=1+t-n=1+2-4=-1$

$z=n-y=4-(-1)=5$

$K^{*}=D\,C=D\,C^{zy5-1}$

Isto significa que falta um elemento esquelético com 12 electrões para que o aglomerado atinja a configuração $D\,C^{50}$. Os clusters com configurações $D\,C^{50}$ são análogos do cloro borano $B_5H_5^{2-}$ cuja geometria é uma bipirâmide trigonal. O símbolo C^{-1} representa a falta de um elemento esquelético rodeado por 12 electrões para os elementos de transição, enquanto que para os elementos do grupo principal representa a falta de um elemento esquelético rodeado por dois electrões de valência. No caso do aglomerado $Ir_4(CO)_{12}$, precisaremos de $Ir+3e=Ir\,(CO)_{1.5})=Ir\,(CO)(H)$.

Assim, o aglomerado ideal é dado por

$F=Ir_4(CO)_{i2}+Ir(H)(CO)\,{}^{\wedge}1\Gamma5(CO)_{13}HE1\Gamma5(CO)_{13\,N=5}{}^{-1}$

$VF=72$

$K^{*}=DzCy$

$z+y=n=5$

$2+2z=VF-12n=J=72-12(5)=12$

$z=J/2-1=6-1=5$

$y=n-z=5-5=0$

$K^{*}=D\,C^{zy}=D\,C^{50}$

Este conceito pode ser resumido como D^{-z} tem como objetivo alcançar a configuração D^{0} enquanto o C^{-y} tem como objetivo alcançar uma configuração C^{0}.

CAPÍTULO 4

FENÓMENOS MATRORYSHKA NATURAIS EM AGREGADOS QUÍMICOS

A descoberta das séries naturais, dos números esqueléticos e da linguagem para comunicar com os aglomerados químicos, centenas deles foram analisados e categorizados. É evidente que os electrões de valência dos aglomerados se distribuem por TRÊS conchas hipotéticas distintas: a concha nuclear (N), a concha D e a concha C. Estes são ilustrados esquematicamente a seguir.

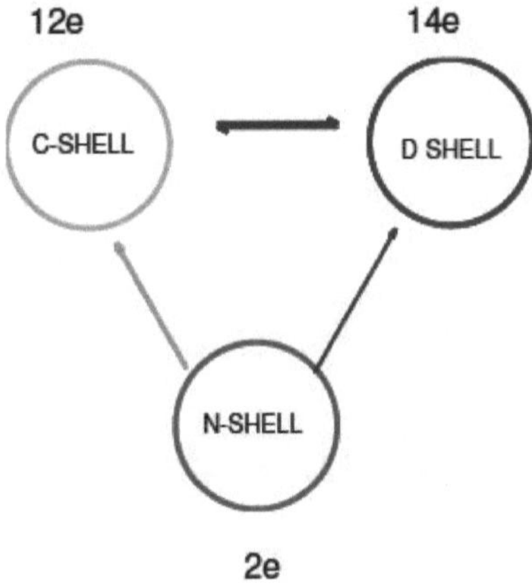

Figura 1.

A camada nuclear não tem elementos esqueléticos, mas apenas dois electrões. Por outro lado, a camada D segue a série 14n. Isto significa que os electrões estão dispostos em conjuntos de 14 no caso dos elementos de transição. A camada C contém electrões de capeamento que obedecem à série 12n. Isto significa que a camada tem electrões dispostos em conjuntos de 12 electrões. A disposição dos elementos nas camadas D e C parece variar de grupo para grupo. No entanto, na maioria dos clusters, os elementos D tendem a ocupar a camada interna, enquanto os elementos C ocupam a camada C externa. Exemplos incluem, $Au_9L_8^{3+}$ (K^*=D C^{18}), e $Au_8L_7^{2+}$ (K^*=D C^{17}). Noutros casos, os elementos D ocupam a camada interna. Exemplos incluem $F=Sn_{21}Cu_{12}^{12-}$ e $As_{21}Ni_{12}^{3-}$ (K^*=D C^{2013}).

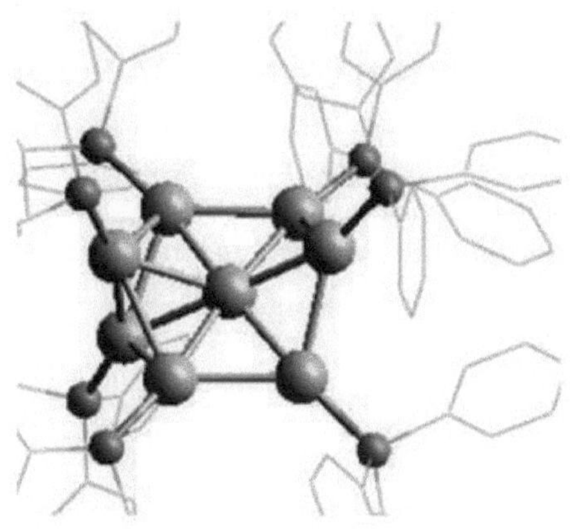

Au$_8$L$_7^{2+}$: D^{1}C^7

Adaptado de: Konishi, Katsuaki
Estrutura e ligação, 161,49-86
https://doi.org/10.1007/430_2014_143
Figura 2.

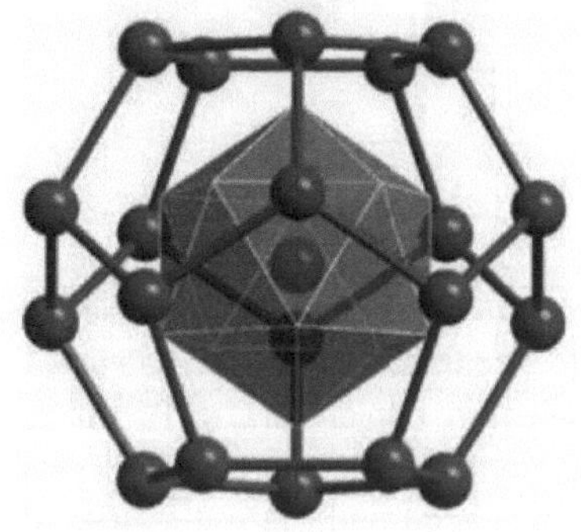

D^{20}C^{13}

4'Adaptado de: Scientific Reports, Artigo 6915(2014)
Design of the Three-shell Icosahedral Matryoshka Clusters:
X. Huang, J. Zhao, Y. Su, Z. Chen e R. B. King
Figura 3.

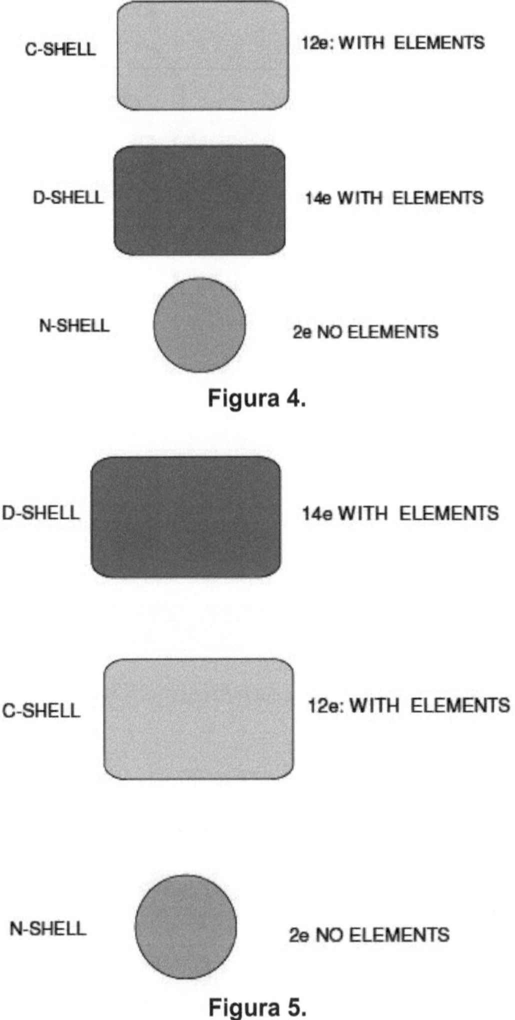

Figura 4.

Figura 5.

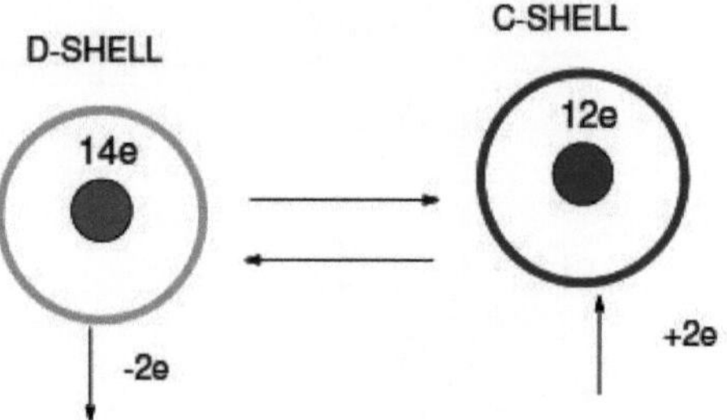

REMOÇÃO DE DOIS ELECTRÕES ADIÇÃO DE DOIS ELECTRÕES
Figura 6.

QUADRO 4. CLUSTERS QUÍMICOS PARALELOS

N10 ANALÓGICOS	*TM	-iom	**MG	VE=4z+2+2y
$Pbio^{4-}$	i44	44	D11C-1	44
$Pbio^{2-}$	i42	42	D10C0	42
$Osio(CO)_{26}^{2-}$	i34	34	$D6C^4$	134
$Rio(CO)_{2i}^{2-}$	i34	34	$D6C^4$	134
$Irio(CO)_{2i}^{2-}$	i34	34	$D6C^4$	134
$Niio(C2)(CO)_{i6}^{2-}$	i42	42	D10C0	142
$Ni7Co3(C2)(CO)_{i6}^{3-}$	i4o	4o	D9C1	140
$Ni9Co(C2)(CO)_{i6}^{3-}$	i42	42	D10C0	142
$Ni6(C)(CO)_{i2}(AuL)_4$	i4o	4o	D9C1	140
$Ni6(C)(CO)_9(AuL)_4$	i34	34	$D6C^4$	134
$Ni6(CO)_9(AuL)_4$	i3o	3o	$D\ C^{46}$	134
$AuioL6Cl3^{+i}$	i24	24	$D1C^9$	124
$Pdio(CO)_{i2}L6$	i36	36	$D7C^3$	136
$Pdio(CO)_{i8}$	i36	36	$D7C^3$	136
$Pdio(CO)_{i7}$	i34	34	$D6C^4$	134
$Pdio(CO)_{i6}$	i32	32	$D5C^5$	132
$Pdio(CO)_{i5}$	i3o	3o	$D\ C^{46}$	130
$Pdio(CO)_{i4}$	i28	28	$D3C^7$	128
$Pdio(CO)_{i3}$	i26	26	$D2C^8$	126
$Pdio(CO)_{i2}$	i24	24	$D1C^9$	124
$Pdio(CO)_{ii}$	i22	22	$D^0\,C1^0$	122
$Pdio(CO)_{io}$	i2o	2o	$D-1C^{11}$	120
$Pdio(CO)_9$	ii8	i8	$D\ C^{-212}$	118
$Pdio(CO)_8$	ii6	i6	$D\ C^{-313}$	116
$Pdio(CO)_7$	ii4	i4	$D\ C^{-414}$	114
$Pdio(CO)_6$	ii2	i2	$D\ C^{-515}$	112
$Pdio(CO)_5$	iio	io	$D\ C^{-616}$	110
$Pdio(CO)_4$	Ю8	8	$D\ C^{-717}$	108
$Pdio(CO)_3$	io6	6	$D\ C^{-818}$	106
$Pdio(CO)_2$	Ю4	4	$D\ C^{-919}$	104
$Pdio(CO)_i$	Ю2	2	$D\ C^{-i020}$	102
Pdio	ioo	o	$D\ C^{-1121}$	100
Scio	3o	-7o	$D\ C^{-4656}$	30
Tiio	4o	-6o	$D\ C^{-4151}$	40
Vio	5o	-5o	$D-36C^{46}$	50
Crio	6o	-4o	$D\ C^{-3141}$	60
Mnio	7o	-3o	$D-26C^{36}$	70
Feio	8o	-2o	$D\ C^{-2131}$	80
Coio	9o	-io	$D\ C^{-1626}$	90

Niio	ioo	o	$D\,C^{-1121}$	100
Cuio	iio	io	$D\,C^{-616}$	110
Znio	i2o	2o	$D\text{-}1C^{11}$	120
Gaio	3o	3o	$D4C^6$	
Geio	4o	4o	$D9C^1$	
Asio	5o	5o	$D\,C^{14-4}$	
Seio	6o	6o	$D\,C^{19-9}$	
Brio	7o	7o	$D24C^{-14}$	
Krio	8o	8o	$D25C\text{-}^{19}$	

QUADRO 5. CATEGORIZAÇÃO GERAL DOS AGREGADOS QUÍMICOS

N10 ANALÓGICOS	**MG	TIPO DE CLUSTER*
$Pbio^{4-}$	$D11C^{-1}$	HC
$Pbio^{2-}$	$D10C0$	CV
$Osio(CO)_{262-}$	$D6C^4$	CV
$Rio(CO)_{2i}^{2-}$	$D6C^4$	CV
$Irio(CO)_{2i}^{2-}$	$D6C^4$	CV
$Niio(C2)(CO)_{i6}^{2-}$	$D10C0$	CV
$Ni7Co3(C2)(CO)_{i6}^{3-}$	$D9C^1$	CV
$Ni9Co\,(C2)(CO)_{i6}^{3-}$	$D10C0$	CV
$Ni6(C)(CO)_{i2}(AuL)_4$	$D9C^1$	CV
$Ni6(C)(CO)_9\,(AuL)_4$	$D6C^4$	CV
$Ni6(CO)_9(AuL)_4$	$D4C^6$	CV
$AuioL6Cl3^{+i}$	$D1C^9$	CV
$Pdio(CO)_{i2L6}$	$D7C^3$	CV

*CV=TIPO CONVENCIONAL
*MT=TIPO DE METAL
*HC= TIPO DE HIDROCARBONETO

R-18: $F = Os_9(CO)_{24}{}^{2-}$

$n=9$

$VF=122$

$K^*=D\ C^{zy}$

$z+y=n=9$

$2+2z=VF-12n=122-12(9)=14$

$2z=12$

$z=6$

$y=n-z=9-6=3$

$K^*=D\ C^{63}$

$VE=14z+2+12y=14(6)+2+12(3)=122$

$K=2z-1+3y=2(6)-1+3(3)=20$

$VE=18n-2K=18(9)-2(20)=122$

$K=2n+2$

$S=4n-4$

$VE=14n-4=14(9)-4=122$

QUADRO 6. SÉRIES DE REMOÇÃO DE UM AGLOMERADO DE CARBONILO SELECCIONADO

		VE
$Os_9(CO)_{24}{}^{2-}$	$D6C^{3}$	CV
$Os_9(CO)_{24}$	$D5C^{4}$	CV
$Os_9(CO)_{23}$	$D4C^{5}$	CV
$Os_9(CO)_{22}$	$D3C^{6}$	CV
$Os_9(CO)_{21}$	$D2C^{7}$	CV
$Os_9(CO)_{20}$	$D1C^{8}$	CV
$Os_9(CO)_{19}$	$D0C9$	CV
$Os_9(CO)_{18}$	$D\text{-}1C^{10}$	MT
$Os_9(CO)_{17}$	$D\text{-}2C^{11}$	MT
$Os_9(CO)_{16}$	$D\text{-}3C^{12}$	MT
$Os_9(CO)_{15}$	$D\text{-}4C^{13}$	MT
$Os_9(CO)_{14}$	$D\text{-}5C^{14}$	MT
$Os_9(CO)_{13}$	$D\text{-}6C^{15}$	MT
$Os_9(CO)_{12}$	$D\text{-}7C^{16}$	MT
$Os_9(CO)_{11}$	$D\text{-}8C^{17}$	MT
$Os_9(CO)_{10}$	$D\text{-}9C^{18}$	MT
$Os_9(CO)_{9}$	$D\ C^{-1019}$	MT
$Os_9(CO)_{8}$	$D\text{-}11C^{20}$	MT
$Os_9(CO)_{7}$	$D\text{-}12C^{21}$	MT
$Os_9(CO)_{6}$	$D\text{-}C^{1322}$	MT
$Os_9(CO)_{5}$	$D\text{-}14C^{23}$	MT
$Os_9(CO)_{4}$	$D\text{-}15C^{24}$	MT
$Os_9(CO)_{3}$	$D\text{-}c^{1625}$	MT
$Os_9(CO)_{2}$	$D\text{-}C^{1726}$	MT
$Os_9(CO)_{1}$	$D\text{-}C^{1827}$	MT
Os_9	$D\ C^{-1928}$	MT

CAPÍTULO 5

REACÇÕES REDOX

O termo *REACÇÕES REDOXAS* significa oxidação e redução. Utilizando o simbolismo K*=DzCy, é evidente que, na oxidação, os electrões são retirados do invólucro D e, por conseguinte, o valor do índice z diminui. A camada D segue a série 14n enquanto a camada C segue a série 12n. Suponhamos que começamos por remover 2e de um elemento esquelético do invólucro D, esse elemento passa a ser do tipo 12 electrões e, portanto, torna-se agora um membro da série 12n do invólucro C. Os dois electrões representam uma unidade (1). Assim, na oxidação, a diminuição em 1 dos elementos esqueléticos da camada D resulta no aumento em 1 do número de elementos esqueléticos da camada C. Por outro lado, é bastante claro que a redução ocorre no invólucro C, pelo que um elemento esquelético ganha o eletrão 2 e adquire 14 configurações electrónicas. Por conseguinte, é transferido para a camada D, cuja composição é da série 14n. Estes processos estão ilustrados nas **Figuras 7** e **8**.

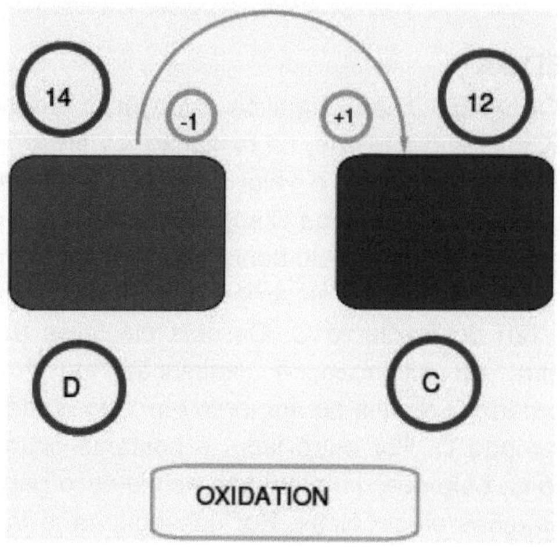

Figure 7.

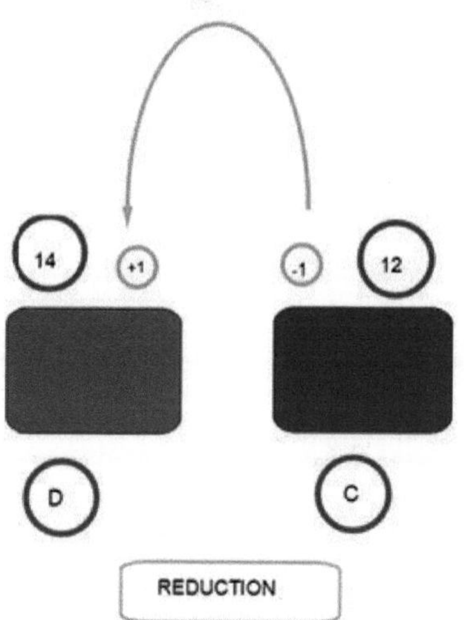

Figure 8.

CAPÍTULO 6

EXEMPLO DE REACÇÃO REDOX

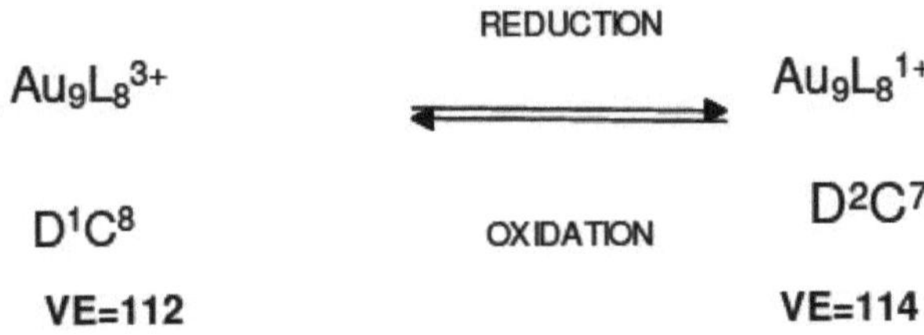

No aglomerado $Au_9L_8^{3+}$: $K^*=D\ C^{18}$, temos 1 elemento esquelético rodeado por 14 electrões na camada D enquanto que os 8 elementos esqueléticos na camada C, cada um está rodeado por 12 electrões.

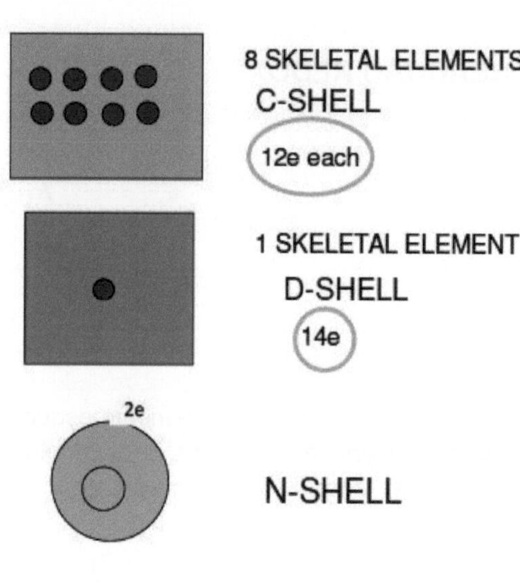

Figure 9.

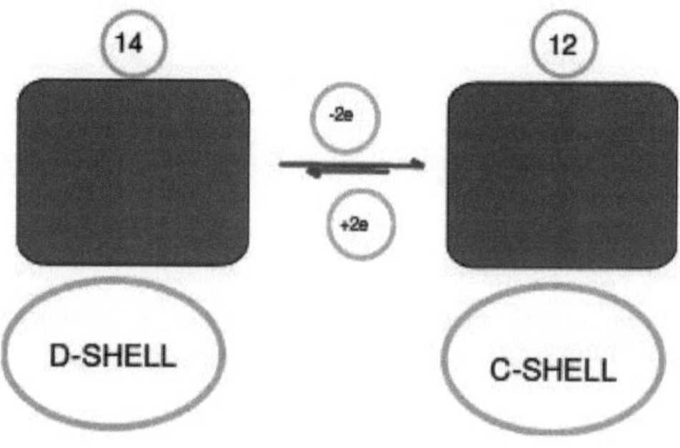

Figure 10.

R-19: F=Cu2

n=2

VF=22

$K^*=D\ C^{zy}$

z+y=n=2

2+2z=VF-12n=22-12(2) =-2=J z=J/2-1=-1-1=-2 y=n-z=2-(-2) =4

$K^*=D\ C^{-24}$ (metálico)

K=2z-1+3y=2(-2)-1+3(4) =7 VE=18n-2K=18(2)-2(7) =22 K=2n+3

S=4n-6

R-20: F=Zn2

n=2

VF=24

$K^*=D\ C^{zy}$

z+y=n=2

2+2z=VF-12n=24-12(2) =0=J z=J/2-1=0-1=-1

y=n-z=2-(-1) =3

$K^*=D^{.}\ c^{13}$ (metálico)

K=2z-1+3y=2(-1)-1+3(3) =6 VE=18n-2K=18(2)-2(6) =24 K=2n+2

S=4n-4

R-21: F=K2

n=2

VF=2

$K^*=D\ C^{zy}$

z+y=n=2

2+2z=VF-2n=2-2(2) =-2=J

z=J/2-1=-1-1=-2

y=n-z=2-(-2) =4

$K^*=D\ C^{-24}$ (metálico)

K=2z-1+3y=2(-2)-1+3(4) =7

VE=8n-2K=8(2)-2(7) =2

K=2n+3

S=4n-6

R-22: F=K2

n=2

VF=2

$K^*=D\ C^{zy}$

z+y=n=2

2+2z=VF-2n=2-2(2) =-2=J

z=J/2-1=-1-1=-2

y=n-z=2-(-2) =4 $K^*=D^{.}\ c^{24}$ (metálico)

K=2z-1+3y=2(-2)-1+3(4) =7

VE=8n-2K=8(2)-2(7) =2

K=2n+3

S=4n-6

R-23: F=Ga2

n=2

VF=6

$K^*=D\ C^{zy}$

z+y=n=2

2+2z=VF-2n=6-2(2) =2=J z=J/2-1=1-1=0 y=n-z=2-(0) =2

$K^*=D\ C^{02}$ **(convencional)**

K=2z-1+3y=2(0)-1+3(2) =5 VE=8n-2K=8(2)-2(5) =6

K=2n+1

S=4n-2

R-24: F=Ge2

n=2

VF=8

$K^*=D\ C^{zy}$

z+y=n=2

2+2z=VF-2n=8-2(2) =4=J

z=J/2-1=2-1=1

y=n-z=2-(1) =1

$K^*=D^1\ C^1$ **(convencional)**

K=2z-1+3y=2(1)-1+3(1) =4

VE=8n-2K=8(2)-2(4) =8

K=2n-0

S=4n+0

R-25: F=As2

n=2

VF=10

$K^*=D\ C^{zy}$

z+y=n=2

2+2z=VF-2n=10-2(2) =6=J z=J/2-1 =3-1 =2

y=n-z=2-(2) =0

$K^*=D\ C^{20}$ **(convencional)**

K=2z-1+3y=2(2)-1+3(0) =3 VE=8n-2K=8(2)-2(3) =10 K=2n-1

S=4n+2

R-26: F=Se2

n=2

VF=12 $K^*=D\ C^{zy}$ z+y=n=2 2+2z=VF-2n=12-2(2) =8=J z=J/2-1 =4-1 =3 y=n-z=2-(3) =-1

$K^*=D^3\ c^{\cdot 1}$**(tipo de hidrocarboneto)** K=2z-1+3y=2(2)-1+3(0) =3 VE=8n-2K=8(2)-2(3) =10 K=2n-1

S=4n+2

R-27: F=Br2
n=2
VF=14
$K^* = D\ C^{zy}$
z+y=n=2
2+2z=VF-2n=14-2(2) =10=J
z=J/2-1 =5-1 =4
y=n-z=2-(4) =-2
$K^* = D\ C^{4-2}$ **(tipo de hidrocarboneto)**
K=2z-1+3y=2(4)-1+3(-2) =1
VE=8n-2K=8(2)-2(1) =14
K=2n-3
S=4n+6

CAPÍTULO 7

EXEMPLOS DOS TRÊS TIPOS DE AGREGADOS QUÍMICOS

Os clusters foram analisados e categorizados utilizando principalmente o método dos índices de nivelamento. No entanto, há alguns casos em que é aplicado o uso de números esqueléticos.

AGLOMERADOS QUÍMICOS CONVENCIONAIS (D C)$^{+z+y}$

R-28: $F=Rh_{17}(CO)_{37}{}^{3-}$

n=17

VF=230

$K^*=D\ C^{zy}$

z+y=n=17

2+2z=VF-12n=230-12(17) =26

2z=24

z=12

y=n-z=17-12=5

$K^*=D\ C^{125}$

K=2z-1+3y=2(12)-1+3(5) =38

VE=18n-2K=18(17)-2(38) =230

K=2n+4

S=4n-8

VE=14n-8=14(17) -8=230

R-29: $F=Rh_{12}(CO)_{30}{}^{-2}$

n=12

VF=170

$K^*=D\ C^{zy}$

z+y=n=12

2+2z=VF-12n=170-12(12) =26

2z=24

z=12

y=n-z=12-12=0

$K^*=D\ C^{120}$

K=2z-1+3y=2(12)-1+3(0) =23

VE=18n-2K=18(12)-2(23) =170

K=2n-1

S=4n+2

VE=14n+2=14(12) +2=170

R-30: $F=Ni_{32}Au_6(CO)_{44}{}^{6\cdot}$

n=38

VF=480

$K^*=D\ C^{zy}$

z+y=n=38

2+2z=VF-12n=480-12(38) =24

$2z=22$

$z=11$

$y=n-z=38-11=27$

$K^*=D\ C^{1127}$

$K=2z-1+3y=2(11)-1+3(27)=102$

$VE=14z+2+12y=14(11)+2+12(27)=480$

$VE=18n-2K=18(38)-2(102)=480$

$K=2n+26$

$S=4n-52$

R-31: $F=Ni_{16}Pd_{16}(CO)_{40}{}^{-4}$

$n=32$

$VF=404$

$K^*=D\ C^{zy}$

$z+y=n=32$

$2+2z=VF-12n=404-12(32)=20$

$2z=18$

$z=9$

$y=n-z=32-9=23$

$K^*=D\ C^{923}$

$K=2z-1+3y=2(9)-1+3(23)=86$

$VE=14z+2+12y=14(9)$

$VE=18n-2K=18(32)-2(86)=404$

$K=2n+22$

$S=4n-44$

R-32: $F=Pt_{36}(CO)_{44}{}^{2-}$

$n=36$

$VF=450$

$K^*=D\ C^{zy}$

$z+y=n=36$

$2+2z=VF-12n=450-12(36)=18$

$2z=16$

$z=8$

$y=n-z=36-8=28$

$K^*=D\ C^{828}$

$K=2z-1+3y=2(8)-1+3(28)=99$

$VE=14z+2+12y=14(8)+2+12(28)=450$

$VE=18n-2K=18(36)-2(99)=450$

$K=2n+27$

$S=4n-54$

$VE=14n-54=14(36)-54=450$

R-33: $F=Ir_{12}(CO)_{26}{}^{2-}$

$n=12$

$VF=162$

$K^*=D\ C^{zy}$

$z+y=n=12$

$2+2z=VF-12n=162-12(12)=18$

$2z=16$

$z=8$

$y=n-z=12-8=4$

$K^*=D\ C^{84}$

$K=2z-1+3y=2(8)-1+3(4)=27$

$VE=18n-2K=18(12)-2(27)=162$

$K=2n+3$

$S=4n-6$

$VE=14n-6=14(12)-6=162$

R-34: $F=Ir_9(CO)_{20}{}^{-3}$

$n=9$

$VF=124$

$K^*=D\ C^{zy}$

$z+y=n=9$

$2+2z=VF-12n=124-12(9)=16$

$2z=14$

$z=7$

$y=n-z=9-7=2$

$K^*=D\ C^{72}$

$K=2z-1+3y=2(7)-1+3(2)=19$

$VE=18n-2K=18(9)-2(19)=124$

$K=2n+1$

$S=4n-2$

$VE=14n-2=14(9)-2=124$

R-35: $F=H_2Os_7(CO)_{2i}$

$n=7$

$VF=100$

$K^*=D\ C^{zy}$

$z+y=n=7$

$2+2z=VF-12n=100-12(7)=16$

$2z=14$

$z=7$

$y=n-z=7-7=0$

$K^*=D\ C^{70}$

$VE=14z+2+12y=14(7)+2+12(0)=100$

$K=2z-1+3y=2(7)-1+3(0)=13$

$VE=18n-2K=18(7)-2(13)=100$

$K=2n-1$

S=4n+2

R-36: F=Ni32Pt24$(CO)_{56}^{6}$,

n=56

VF=678

K*=D C^{zy}

z+y=n=44

2+2z=VF-12n=542-12(44) =14

2z=12

z=6

y=n-z=44-6=38

K*=D C^{638}

K=2z-1+3y=2(6)-1+3(38) =125

VE=14z+2+12y=14(6)+2+12(38)=542

VE=18n-2K=18(44)-2(125) =542

K=2n+37

S=4n-74

R-37: F=Pt38$(CO)_{44}^{2-}$

n=38

VF=470

K*=D C^{zy}

z+y=n=38

2+2z=VF-12n=470-12(38) =14

2z=12

z=6

y=n-z=38-6=32

K*=D C^{632}

K=2z-1+3y=2(6)-1+3(32) =107

VE=14z+2+12y=14(6) +2+12(32) =470

VE=18n-2K=18(38)-2(107) =470

K=2n+31

S=4n-62

R-38: F=Pt26$(CO)_{32}^{2-}$

n=26

VF=326

K*=D C^{zy}

z+y=n=26

2+2z=VF-12n=326-12(26) =14

2z=12

z=6

y=n-z=26-6=20

K*=D C^{620}

K=2z-1+3y=2(6)-1+3(20) =71

VE=14z+2+12y=14(6) +2+12(20) =326
VE=18n-2K=18(26)-2(71) =326
K=2n+19
S=4n-38
R-39: F=Irio$(CO)_{2i}{}^{-2}$
n=10
VF=134
K*=D C^{zy}
z+y=n=10
2+2z=VF-12n=134-12(10) =14
2z=12
z=6
y=n-z=10-6=4
K*=D C^{64}
K=2z-1+3y=2(6)-1+3(4) =23
VE=18n-2K=18(10)-2(23) =134
K=2n+3
S=4n-6
VE=14n-6=14(10) -6=134
R-40: F=Osio$(CO)_{26}{}^{-2}$
n=10
VF=134
K*=D C^{zy}
z+y=n=10
2+2z=VF-12n=134-12(10) =14
2z=12
z=6
y=n-z=10-6=4
K*=D C^{64}
VE=14z+2+12y=14(6) +2+12(4) =134
K=2z-1+3y=2(6)-1+3(4) =23
VE=18n-2K=18(10)-2(23) =134
K=2n+3
S=4n-6
R-41: F=Os9$(CO)_{24}{}^{2-}$
n=9
VF=122
K*=D C^{zy}
z+y=n=9
2+2z=VF-12n=122-12(9) =14
2z=12
z=6

$y=n-z=9-6=3$

$\mathbf{K^*}=D\ C^{63}$

$VE=14z+2+12y=14(6)+2+12(3)=122$

$K=2z-1+3y=2(6)-1+3(3)=20$

$VE=18n-2K=18(9)-2(20)=122$

$K=2n+2$

$S=4n-4$

R-42: $F=Os8(CO)_{23}$

$n=8$

$VF=110$

$\mathbf{K^*}=D\ C^{zy}$

$z+y=n=8$

$2+2z=VF-12n=110-12(8)=14$

$2z=12$

$z=6$

$y=n-z=8-6=2$

$\mathbf{K^*}=D\ C^{62}$

$VE=14z+2+12y=14(6)+2+12(2)=110$

$K=2z-1+3y=2(6)-1+3(2)=17$

$VE=18n-2K=18(8)-2(17)=110$

$K=2n+1$

$S=4n-2$

R-43: $F=Os7(CO)_{2i}$

$n=7$

$VF=98$

$\mathbf{K^*}=D\ C^{zy}$

$z+y=n=7$

$2+2z=VF-12n=98-12(7)=14$

$2z=12$

$z=6$

$y=n-z=7-6=1$

$\mathbf{K^*}=D\ C^{61}$

$VE=14z+2+12y=14(6)+2+12(1)=98$

$K=2z-1+3y=2(6)-1+3(1)=14$

$VE=18n-2K=18(7)-2(14)=98$

$K=2n-0$

$S=4n+0$

R-44: $F=Os6(CO)_{i82-}$

$n=6$

$VF=86$

$\mathbf{K^*}=D\ C^{zy}$

$z+y=n=6$

$2+2z=VF-12n=86-12(6)=14$

$2z=12$

$z=6$

$y=n-z=6-6=0$

K*=D C^{60}

$VE=14z+2+12y=14(6)+2+12(0)=86$

$K=2z-1+3y=2(6)-1+3(0)=11$

$VE=18n-2K=18(6)-2(11)=86$

$K=2n+1$

$S=4n+2$

R-45: $\Gamma=P1_{33}(CO)_{38}{}^{-2}$

$n=33$

$VF=408$

K*=D C^{zy}

$z+y=n=33$

$2+2z=VF-12n=408-12(33)=12$

$2z=10$

$z=5$

$y=n-z=33-5=28$

K*=D C^{528}

$K=2z-1+3y=2(5)-1+3(28)=93$

$VE=14z+2+12y=14(5)+2+12(28)=408$

$VE=18n-2K=18(33)-2(93)=408$

$K=2n+27$

$S=4n-54$

R-46: $F=Rh22(CO)_{37}{}^{4'}$

$n=22$

$VF=276$

K*=D C^{zy}

$z+y=n=22$

$2+2z=VF-12n=276-12(22)=12$

$2z=10$

$z=5$

$y=n-z=22-5=17$

K*=D C^{517}

$K=2z-1+3y=2(5)-1+3(17)=60$

$VE=18n-2K=18(22)-2(60)=276$

$K=2n+16$

$S=4n-32$

$VE=14n-32=14(22)-32=276$

R-47: $F=Rhi5(CO)_{27}{}^{3'}$

$n=15$

VF=192

$K^*=D\ C^{zy}$

z+y=n=15

2+2z=VF-12n=192-12(15) =12

2z=10

z=5

y=n-z=15-5=10

$K^*=D\ C^{510}$

K=2z-1+3y=2(5)-1+3(10) =39

VE=18n-2K=18(15)-2(39) =192

K=2n+9

S=4n-18

VE=14n-18=14(15) -18=192

R-48: $F=Rh_{i4}(CO)_{262-}$

n=14

VF=180

$K^*=D\ C^{zy}$

z+y=n=14

2+2z=VF-12n=180-12(14) =12

2z=10

z=5

y=n-z=14-5=9

$K^*=D\ C^{59}$

K=2z-1+3y=2(5)-1+3(9) =36

VE=18n-2K=18(14)-2(36) =180

K=2n+8

S=4n-16

VE=14n-16=14(14) -16=180

R-49: $F=Os_{i2}(CO)_{30}$

n=12

VF=156

$K^*=D\ C^{zy}$

z+y=n=12

2+2z=VF-12n=156-12(12) =12

2z=10

z=5

y=n-z=12-5=7

$K^*=D\ C^{57}$

VE=14z+2+12y=14(5) +2+12(7) =156

K=2z-1+3y=2(5)-1+3(7) =30

VE=18n-2K=18(12)-2(30) =156

K=2n+6

S=4n-12
VE=14n-12=14(12) -12=156

R-50: F=Os6(CO)i8
n=6
VF=84
$K^*=D\ C^{zy}$
z+y=n=6
2+2z=VF-12n=84-12(6) =12
2z=10
z=5
y=n-z=6-5=1
$K^*=D\ C^{51}$
VE=14z+2+12y=14(5) +2+12(1) =84
K=2z-1+3y=2(5)-1+3(1) =12
VE=18n-2K=18(6)-2(12) =84
K=2n-0
S=4n+0
VE=14n+0=14(6) +0=84
R-51: F=Os5(CO)i6
n=5
VF=72
$K^*=D\ C^{zy}$
z+y=n=5
2+2z=VF-12n=72-12(5) =12
2z=10
z=5
y=n-z=5-5=0
$K^*=D\ C^{50}$
VE=14z+2+12y=14(5) +2+12(0) =72
K=2z-1+3y=2(5)-1+3(0) =9
VE=18n-2K=18(5)-2(9) =72
K=2n-1
S=4n+2
VE=14n+2=14(5) +2=72
R-52: F=Pti9(CO)224-
n=19
VF=238
$K^*=D\ C^{zy}$
z+y=n=19
2+2z=VF-12n=238-12(19) =10
2z=8

z=4 y=n-z=19-4=15
$K^*=D\ C^{415}$

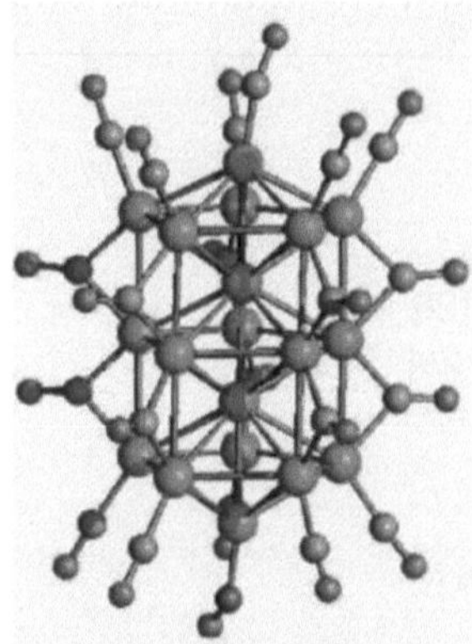
Adaptado de CIABATTI
Figura 11.

K=2z-1+3y=2(4)-1+3(15) =52
VE=14z+2+12y=14(4) +2+12(15) =238
VE=18n-2K=18(19)-2(52) =238
K=2n+14
S=4n-28
VE=14n-28=14(19) -28=238
R-53: $F=Re_4(C)(CO)_{12}^{2-}$
n=4
VF=58
$K^*=D\ C^{zy}$
z+y=n=4
2+2z=VF-12n=58-12(4) =10
2z=8
z=4
y=n-z=4-4=0
$K^*=D\ C^{40}$
K=2z-1+3y=2(4)-1+3(0) =7
VE=14z+2+12y=14(4) +2+12(0) =58
VE=18n-2K=18(4)-2(7) =58
K=2n-1
S=4n+2
VE=14n+2=14(4) +2=58
R-54: $F=Pt_{44}(CO)_{45}^{6-}$
n=44
VF=536

$K^* = D\ C^{zy}$

$z+y=n=44$

$2+2z=VF-12n=536-12(44)=8$

$2z=6$

$z=3$

$y=n-z=44-3=41$

$\mathbf{K^* = D\ C^{341}}$

$K=2z-1+3y=2(3)-1+3(41)=128$

$VE=14z+2+12y=14(3)+2+12(41)=536$

$VE=18n-2K=18(44)-2(128)=536$

$K=2n+40$

$S=4n-80$

$VE=14n-78=14(44)-80=536$

R-55: $F=Osi7(CO)_{362-}$

$n=17$

$VF=210$

$K^* = D\ C^{zy}$

$z+y=n=17$

$2+2z=VF-12n=210-12(17)=6$

$2z=4$

$z=2$

$y=n-z=17-2=15$

$\mathbf{K^* = D\ C^{215}}$

$VE=14z+2+12y=14(5)+2+12(7)=156$

$K=2z-1+3y=2(5)-1+3(7)=30$

$VE=18n-2K=18(12)-2(30)=156$

$K=2n+6$

$S=4n-12$

$VE=14n-12=14(12)-12=156$

R-56: $F=AuiiLio^{+3}$

$n=11$

$VF=138$

$K^* = D\ C^{zy}$

$z+y=n=11$

$2+2z=VF-12n=138-12(11)=6$

$2z=4$

$z=2$

$y=n-z=11-2=9$

$\mathbf{K^* = D\ C^{29}}$

$K=2z-1+3y=2(2)-1+3(9)=30$

$VE=14z+2+12y=14(2)+2+12(9)=138$

VE=18n-2K=18(11)-2(30) =138
K=2n+8
S=4n-16
VE=14n-16=14(11) -16=138
R-57: F=Re4$(CO)_{i22-}$
n=4
VF=54
K*=D C^{zy}
z+y=n=4
2+2z=VF-12n=54-12(4) =6
2z=4
z=2
y=n-z=4-2=2
K*=D C^{22}
K=2z-1+3y=2(2)-1+3(2) =9
Re: k=5,5, V=2k=11
CO: k= -1, V=2|k|=2

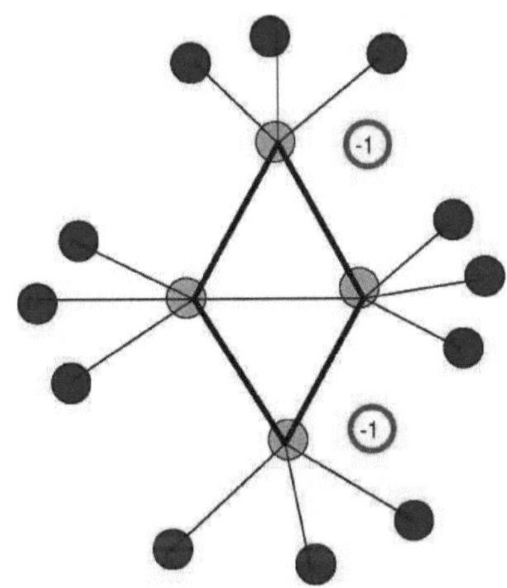

As linhas grossas têm o dobro do tamanho da linha fina do meio.
Figura 12.

VE=14z+2+12y=14(2) +2+12(2) =54
VE=18n-2K=18(4)-2(9) =54
K=2n+1
S=4n-2
VE=14n-2=14(4) -2=54
R-58: F=Rh32$(CO)_{47}^{6-}$
n=32
VF=388
K*=D^{z} Cy
z+y=n=32

$2+2z=VF-12n=388-12(32)=4$

$2z=2$

$z=1$

$y=n-z=32-1=31$

$K^*=D\ C^{131}$

$K=2z-1+3y=2(1)-1+3(31)=94$

$VE=18n-2K=18(32)-2(94)=388$

$K=2n+30$

$S=4n-60$

$VE=14n-60=14(32)-60=388$

R-59: $F=Au_9L_8^{+3}$

$n=9$

$VF=112$

$K^*=D\ C^{zy}$

$z+y=n=9$

$2+2z=VF-12n=112-12(9)=4$

$2z=2$

$z=1$

$y=n-z=9-1=8$

$K^*=D\ C^{18}$

$K=2z-1+3y=2(1)-1+3(8)=25$

$VE=14z+2+12y=14(1)+2+12(8)=112$

$VE=18n-2K=18(9)-2(25)=112$

$K=2n+7$

$S=4n-14$

$VE=14n-14=14(9)-14=112$

R-60: $F=Au_9L_8^{+3}$

$n=9$

$VF=112$

$K^*=D\ C^{zy}$

$z+y=n=9$

$2+2z=VF-12n=112-12(9)=4$

$2z=2$

$z=1$

$y=n-z=9-1=8$

$K^*=D\ C^{18}$

$K=2z-1+3y=2(1)-1+3(8)=25$

$VE=14z+2+12y=14(1)+2+12(8)=112$

$VE=18n-2K=18(9)-2(25)=112$

$K=2n+7$

$S=4n-14$

$VE=14n-14=14(9)-14=112$

R-61: $F=Au8L7^{2+}$

n=8

VF=100

$K^*=D\ C^{zy}$

z+y=n=8

2+2z=VF-12n=100-12(8) =4

2z=2

z=1

y=n-z=8-1=7

$K^*=D\ C^{17}$

K=2z-1+3y=2(1)-1+3(7) =22

VE=14z+2+12y=14(1) +2+12(7) =100

VE=18n-2K=18(8)-2(22) =100

K=2n+6

S=4n-12

VE=14n-12=14(8) -12=100

R-62: $F=Pt4o(CO)4o^{-2}$

n=40

VF=482

$K^*=D\ C^{zy}$

z+y=n=40

2+2z=VF-12n=482-12(40) =2

2z=0

z=0

y=n-z=40-0=40

$K^*=D\ C^{040}$

K=2z-1 +3y=2(0)-1 +3(40) =119

VE=14z+2+12y=14(0) +2+12(40) =482

VE=18n-2K=18(40)-2(119) =482

K=2n+39

S=4n-78

VE=14n-78=14(40) -78=482

R-63: $F=Au24Lio\ X2R_5^{1+}$

n=24

VF=290

$K^*=D\ C^{zy}$

z+y=n=24

2+2z=VF-12n=290-12(24) =2

2z=0

z=0

y=n-z=24-(0)=24

K*=D C^{024}
K=2z-1+3y=2(0)-1+3(24) =71
VE=14z+2+12y=14(0) +2+12(24) =290
VE=18n-2K=18(24)-2(71) =290
K=2n+23
S=4n-46
VE=14n-46=14(24) -46=290
R-64: F=Os2o(CO)4o $-^{2}$
n=20
VF=242
K*=D C^{zy}
z+y=n=20
2+2z=VF-12n=242-12(20) =2
2z=0
z=0
y=n-z=20-0=20
K*=D C^{020}
VE=14z+2+12y=14(0) +2+12(20) =242
K=2z-1+3y=2(0)-1+3(20) =59
VE=18n-2K=18(20)-2(59) =242
K=2n+19
S=4n-38
VE=14n-38=14(20) -38=242

CAPÍTULO 8

CLUSTERS DE CARACTERES METÁLICOS ($D\text{-}C^{z+}y$)

R-65: $F=Pd_{39}(CO)_{23}Li_6$

$n=39$

$VF=468$

$K^*=D\ C^{zy}$

$z+y=n=39$

$2+2z=VF-12n=468-12(39)=0$

$2z=-2$

$z=-i$

$y=n-z=39-(-i)=40$

$K^*=D\ C^{-140}$

$K=2z-1+3y=2(-1)-1+3(40)=117$

$VE=14z+2+12y=14(-1)+2+12(40)=468$

$VE=18n-2K=18(39)-2(117)=468$

$K=2n+39$

$S=4n-78$

$VE=14n-78=14(39)-78=468$

R-66: $F=Pt_{54}(CO)_{4o}Li_4$

$n=54$

$VF=648$

$K^*=D\ C^{zy}$

$z+y=n=54$

$2+2z=VF-12n=648-12(54)=0$

$2z=-2$

$z=-i$

$y=n-z=54-(-i)=55$

$K^*=D\cdot c^{155}$

$K=2z-1+3y=2(-1)-1+3(55)=162$

$VE=14z+2+12y=14(-1)+2+12(55)=648$

$VE=18n-2K=18(54)-2(162)=648$

$K=2n+54$

$S=4n-108$

$VE=14n-108=14(54)-108=648$

R-67: $F=Au_{25}\ Lio\ R5^{2+}$

$n=25$

$VF=298$

$K^*=D\ C^{zy}$

$z+y=n=25$

$2+2z=VF-12n=298-12(25)=-2$

$2z=-4$

z=-2
y=n-z=25-(-2) =27
$K^*=D\ C^{-227}$
K=2z-1+3y=2(-2)-1+3(27) =76
VE=14z+2+12y=14(-2) +2+12(27) =298
VE=18n-2K=18(25)-2(76) =298
K=2n+26
S=4n-52
VE=14n-52=14(25) -52=298

R-68: $F=Pd_{52}\ (CO)_{36}Li_4$
n=52
VF=620
$K^*=D\ C^{zy}$
z+y=n=52
2+2z=VF-12n=620-12(52) =-4
2z=-6
z=-3
y=n-z=52-(-3) =55
$K^*=D\ C^{-355}$
K=2z-1+3y=2(-3)-1+3(55) =158
VE=14z+2+12y=14(-3) +2+12(55) =620
VE=18n-2K=18(52)-2(158) =620
K=2n+54
S=4n-108
VE=14n-108=14(52) -108=620
R-69: $F=Pd_{i6}\ (CO)_{7}L_6$
n=16
VF=186
$K^*=D\ C^{zy}$
z+y=n=16
2+2z=VF-12n=186-12(16) =-6
2z=-8
z=-4
y=n-z=16-(-4) =20
$K^*=D\ C^{-420}$
K=2z-1+3y=2(-4)-1+3(20) =51
VE=14z+2+12y=14(-4) +2+12(20) =186
VE=18n-2K=18(16)-2(51) =186
K=2n+19
S=4n-38
VE=14n-38=14(16) -38=186

R-70: $F=Au_{39}Li_4Cl_6^{3+}$

$n=39$

$VF=460$

$K^*=D\ C^{zy}$

$z+y=n=39$

$2+2z=VF-12n=460-12(39)=-8$

$2z=-10$

$z=-5$

$y=n-z=39-(-5)=44$

$K^*=D\ C^{-544}$

$K=2z-i+3y=2(-5)-i+3(44)=i2i$

$VE=14z+2+12y=14(-5)+2+12(44)=460$

$VE=18n-2K=18(39)-2(121)=460$

$K=2n+43$

$S=4n-86$

$VE=14n-86=14(39)-86=460$

R-71: $F=Pd_{59}(CO)_{32}L_{2i}$

$n=59$

$VF=696$

$K^*=D\ C^{zy}$

$z+y=n=59$

$2+2z=VF-12n=696-12(59)=-12$

$2z=-14$

$z=-7$

$y=n-z=59-(-7)=66$

$K^*=D\ C^{-766}$

$K=2z-1+3y=2(-7)-1+3(66)=183$

$VE=14z+2+12y=14(-7)+2+12(66)=696$

$VE=18n-2K=18(59)-2(183)=696$

$K=2n+65$

$S=4n-130$

$VE=14n-130=14(59)-130=696$

R-72: $F=Pd_{59}(CO)_{36}Li_4$

$n=59$

$VF=690$

$K^*=D\ C^{zy}$

$z+y=n=59$

$2+2z=VF-12n=690-12(59)=-18$

$2z=-20$

$z=-10$

$y=n-z=59-(-10)=69$

$K^* = D\ C^{-1069}$

$K = 2z-1+3y = 2(-10)-1+3(69) = 186$

$VE = 14z+2+12y = 14(-10)+2+12(69) = 690$

$VE = 18n-2K = 18(59)-2(186) = 690$

$K = 2n+68$

$S = 4n-136$

$VE = 14n-136 = 14(59)-136 = 690$

R-73: $F = Pd_{69}(CO)_{36}Li_8$

$n = 69$

$VF = 798$

$K^* = D\ C^{zy}$

$z+y = n = 69$

$2+2z = VF-12n = 798-12(69) = -30$

$2z = -32$

$z = -16$

$y = n-z = 69-(-16) = 85$

$K^* = D\ C^{-1685}$

$K = 2z-1+3y = 2(-16)-1+3(85) = 222$

$VE = 14z+2+12y = 14(-16)+2+12(85) = 798$

$VE = 18n-2K = 18(69)-2(222) = 798$

$K = 2n+84$

$S = 4n-168$

$VE = 14n-168 = 14(69)-168 = 798$

R-74: $F = Au_{100}R_{44}$

$n = 100$

$VF = 1124$

$K^* = D\ C^{zy}$

$z+y = n = 100$

$2+2z = VF-12n = 1124-12(100) = -76$

$2z = -78$

$z = -39$

$y = n-z = 100-(-39) = 139$

$K^* = D\ C^{-39139}$

$K = 2z-1+3y = 2(-39)-1+3(139) = 338$

$VE = 14z+2+12y = 14(-39)+2+12(139) = 1124$

$VE = 18n-2K = 18(100)-2(338) = 1124$

$K = 2n+138$

$S = 4n-276$

$VE = 14n-276 = 14(100)-276 = 1124$

R-75: $F = Pd_{i65}(CO)_{60}b_{30}$

$n = 165$

$VF = 1830$

$K^* = D\ C^{zy}$

$z + y = n = 165$

$2 + 2z = VF - 12n = 1830 - 12(165) = -150$

$2z = -152$

$z = -76$

$y = n - z = 165 - (-76) = 241$

$\mathbf{K^* = D\ C^{-76241}}$

$K = 2z - 1 + 3y = 2(-76) - 1 + 3(241) = 570$

$VE = 14z + 2 + 12y = 14(-76) + 2 + 12(241) = 1830$

$VE = 18n - 2K = 18(165) - 2(570) = 1830$

$K = 2n + 240$

$S = 4n - 480$

$VE = 14n - 480 = 14(165) - 480 = 1830$

CAPÍTULO 9

CLUSTERS DE CARACTERES DE HIDROCARBONETOS ($D^{+z} C_{-y}$)

R-76: $F = H_2Os_3(CO)_{io}$

$n=3$

$VF=46$

$K^* = D\ C^{zy}$

$z+y=n=3$

$2+2z = VF-12n = 46-12(3) = 10$

$2z=8$

$z=4$

$y=n-z=3-4=-1$

$K^* = D\ C^{4-1}$

$VE = 14z+2+12y = 14(4)+2+12(-1) = 46$

$K = 2z-1+3y = 2(4)-1+3(-1) = 4$

$VE = 18n-2K = 18(3)-2(4) = 46$

$K = 2n-2$

$S = 4n+4$

$VE = 14n+4 = 14(3)+4 = 46$

R-77: $F = Os_2(CO)_{82-}$

$n=2$

$VF=34$

$K^* = D\ C^{zy}$

$z+y=n=2$

$2+2z = VF-12n = 34-12(2) = 10$

$2z=8$

$z=4$

$y=n-z=2-4=-2$

$K^* = D\ C^{4-2}$

$VE = 14z+2+12y = 14(4)+2+12(-2) = 34$

$K = 2z-1+3y = 2(4)-1+3(-2) = 1$

$VE = 18n-2K = 18(2)-2(1) = 34$

$K = 2n-3$

$S = 4n+6$

$VE = 14n+6 = 14(2)+6 = 34$

R-78: $F = Os_2(CO)_9$

$n=2$

$VF=34$

$K^* = D\ C^{zy}$

$z+y=n=2$

$2+2z = VF-12n = 34-12(2) = 10$

$2z=8$

$z=4$

y=n-z=2-4=-2

K*=D C$^{4-2}$

VE=14z+2+12y=14(4)+2+12(-2)=34

K=2z-1+3y=2(4)-1+3(-2) =1

VE=18n-2K=18(2)-2(1) =34

K=2n-3

S=4n+6

VE=14n+6=14(2) +6=34

R-79: F=Os4(CO)i5

n=4

VF=62

K*=D C^{zy}

z+y=n=4

2+2z=VF-12n=62-12(4) =14

2z=12

z=6

y=n-z=4-6=-2

K*=D C$^{6-2}$

VE=14z+2+12y=14(6) +2+12(-2) =62

K=2z-1+3y=2(6)-1+3(-2) =5

VE=18n-2K=18(4)-2(5) =62

K=2n-3

S=4n+6

VE=14n+6=14(4) +6=62

R-80: F=H2Os6(CO)i9

n=6

VF=88

K*=D C^{zy}

z+y=n=6

2+2z=VF-12n=88-12(6) =16

2z=14

z=7

y=n-z=6-7=-1

K*=D^{7} c$^{\cdot 1}$

VE=14z+2+12y=14(7) +2+12(-1) =88

K=2z-1+3y=2(7)-1+3(-1) =10

VE=18n-2K=18(6)-2(10) =88

K=2n-2

S=4n+4

VE=14n+4=14(6) +4=88

R-81: F=H2Os6(CO)i9

n=6

$VF=88$

$K^*=D\ C^{zy}$

$z+y=n=6$

$2+2z=VF-12n=88-12(6)=16$

$2z=14$

$z=7$

$y=n-z=6-7=-1$

$K^*=D\ C^{7-1}$

$VE=14z+2+12y=14(7)+2+12(-1)=88$

$K=2z-1+3y=2(7)-1+3(-1)=10$

$VE=18n-2K=18(6)-2(10)=88$

$K=2n-2$

$S=4n+4$

$VE=14n+4=14(6)+4=88$

R-82: $F=H_2Os_7(CO)_{22}$

$n=7$

$VF=102$

$K^*=D\ C^{zy}$

$z+y=n=7$

$2+2z=VF-12n=102-12(7)=18$

$2z=16$

$z=8$

$y=n-z=7-8=-1$

$K^*=D^8\ C'^1$

$VE=14z+2+12y=14(8)+2+12(-1)=102$

$K=2z-1+3y=2(8)-1+3(-1)=12$

$VE=18n-2K=18(7)-2(12)=102$

$K=2n-2$

$S=4n+4$

$VE=14n+4=14(7)+4=102$

R-83: $F=Os_5(CO)_{i9}$

$n=5$

$VF=78$

$K^*=D\ C^{zy}$

$z+y=n=5$

$2+2z=VF-12n=78-12(5)=18$

$2z=16$

$z=8$

$y=n-z=5-8=-3$

$K^*=D^8\ C'^3$

$VE=14z+2+12y=14(8)+2+12(-3)=78$

$K=2z-1+3y=2(8)-1+3(-3)=6$

VE=18n-2K=18(5)-2(6) =78
K=2n-4
S=4n+8
VE=14n+8=14(5) +8=78
R-84: г=C6H6
n=6
VF=30
K*=D C^{zy}
z+y=n
2+2z=VF-2n=J=30-2(6) =18
z=J/2-1=9-1=8
y=n-z=6-8=-2
K*= D C^{8-2}
VE=4z+2+2y=4(8) +2+2(-2) =30
K=2z-1+3y=2(8)-1+3(-2) =9
VE=8n-2K=8(6)-2(9) =30
K=2n-3
S=4n+6
VE=4n+6=4(6) +6=30
K=n+t=6+3
C: k=2, V=2k=4(tem 4 ligações)
1. k=-0,5, V=2|k|=1(tem uma ligação)

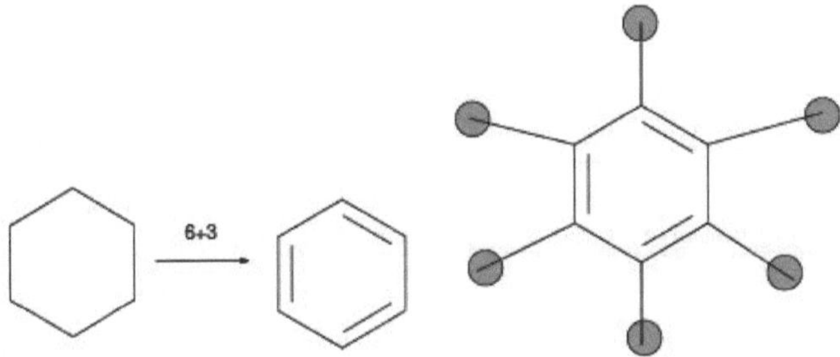

Figura 14.

Alguns exemplos selecionados de clusters foram categorizados e são apresentados no **Quadro 7.**

TABELA 7. EXEMPLOS DE AGLOMERADOS DE HIDROCARBONETOS

C_6H_6	$D8C^{-2}$	HC
$Os_5(CO)_{19}$	$D8C^{-3}$	HC
$H_2Os_7(CO)_{22}$	$D8C^{-1}$	HC
$H_2Os_6(CO)_{19}$	$D\,C^{7-1}$	HC
$Os_4(CO)_{15}$	$D6C^{-2}$	HC
$Os_2(CO)_9$	$D\,C^{4-2}$	HC
$Os_2(CO)_8^{2-}$	$D\,C^{4-2}$	HC
$H_2Os_3(CO)_{10}$	$D\,C^{4-1}$	HC
$Au_{100}R_{44}$	$D\text{-}\,C^{39139}$	MT
$Pd_{69}(CO)_{36}Li_8$	$D\text{-}\,C^{1069}$	MT
$Pd_{i6}(CO)_7L_6$	$D\,C^{-420}$	MT
$Pd_{52}(CO)_{36}LI_4$	$D\,C^{-355}$	MT
$Pd_{39}(CO)_{23}LI_6$	$D\,C^{-140}$	MT
$Au_{20}(CO)_{40}^{2-}$	$D0C^{20}$	CV
$Au_{24}LI_OX_2R_5^{+1}$	$D\,C^{024}$	CV
$Pt_{40}(CO)_{40}^{2-}$	$D\,C^{040}$	CV
$Au_8L_7^{2+}$	$D1C^7$	CV
$Au_9L_8^{3+}$	$D1C^8$	CV
$Rh_{32}(CO)_{47}^{6-}$	$D1C^{31}$	CV
$Re_4(CO)_{i22-}$	$D2C^2$	CV
$Au_{ii}Li_O3+$	$D2C^9$	CV
$Os_{i7}(CO)_{36}^{2-}$	$D2C^{15}$	CV
$Pt_{44}(CO)_{45}^{6,}$	$D3C^{41}$	CV
$Re_4(C)(CO)_{i2}^{2-}$	$D4C0$	CV
$Pt_{l9}(CO)_{22}^{4-}$	$D4C^{15}$	CV
$Os_5(CO)_{16}$	$D5C0$	CV
$Os_6(CO)_{i8}$	$D5C^1$	CV
$Os_{i2}(CO)_{30}$	$D5C^7$	CV
$Rh_{i4}(CO)_{26}^{2-}$	$D5C^9$	CV
$Rh_{i5}(CO)_{27}^{3-}$	$D5C1^0$	CV
$Rh_{22}(CO)_{37}^{4-}$	$D5C^{28}$	CV
$Os_6(CO)_{i8}^{2-}$	$D\,C^{60}$	CV
$Os_7(CO)_{2I}$	$D6C^1$	CV
$Os_8(CO)_{23}$	$D6C^2$	CV
$Os_9(CO)_{24}^{2-}$	$D6C^3$	CV
$Os_{6io}(CO)_{26}^{,2}$	$D6C^4$	CV
$Ir_{io}(CO)_{2i}^{2-}$	$D6C^4$	CV
$Pt_{26}(CO)_{32}^{,2}$	$D6C2^0$	CV

$Pt_{38}(CO)_{44}^{2-}$	**D6C^{32}**	CV
$Pt_{32}Pt_{24}(CO)_{56}^{6-}$	**D6C^{38}**	CV
$H_{2}OS_{7}(CO)_{21}$	**D C^{70}**	CV
$Ir_{9}(CO)_{20}{}^{,3}$	**D7C^{2}**	CV
$Ir_{12}(CO)_{26}^{2-}$	**D8C^{2}**	CV
$Ni_{16}Pd_{16}(CO)_{40}^{4-}$	**D9C^{23}**	CV
$Ni_{32}Au_{6}(CO)_{44}^{6,}$	**D11C^{23}**	CV
$Rh_{12}(CO)_{30}^{2-}$	**D C^{120}**	CV
$Rh_{17}(CO)_{37}^{3-}$	**D C^{125}**	CV

*HC=HIDROCARBONETO
*CV=CONVENCIONAL
*MT=METÁLICO

CAPÍTULO 10

DISTRIBUIÇÃO DE ELECTRÕES EM AGREGADOS QUÍMICOS

A partir da análise de uma vasta gama de aglomerados químicos, é bastante claro que os aglomerados químicos são de três categorias. Num dos extremos, existem os aglomerados cuja casca C é negativa, ou seja (C^{-y}), enquanto no outro extremo a casca D é negativa, ou seja, D^{-z}. No entanto, na gama média, tanto a casca D como a casca C são positivas. Podemos generalizar que num aglomerado a distribuição de electrões envolve as 3 camadas, nomeadamente, a camada NUCLEAR (N), a camada D e a camada C. Isto é ilustrado na **Figura 15.**

Figura 15.

CAPÍTULO 11

ADENDO

AS LEIS NATURAIS DOS AGLOMERADOS QUÍMICOS

2. NÚMERO ESQUELÉTICO (k)

Mede o défice de electrões exigido por um elemento ou elemento químico para que este atinja a configuração de gás nobre. Os elementos do grupo principal requerem um total de oito electrões de valência para atingirem a configuração de gás nobre. Os metais de transição necessitam de 18 electrões para atingirem a configuração de gás nobre, enquanto um elemento lantanídeo ou actinídeo necessita de 32 electrões. Os números de esqueleto de 118 elementos químicos foram descobertos pela teoria dos clusters.

3. O k assume os valores que são múltiplos de 0,5

4. Valência esquelética V=2k

A valência esquelética v indica o número de ligações químicas que podem ser ligadas a um determinado elemento esquelético. Por exemplo, o Boro tem um valor k de 2,5, logo a sua valência esquelética será igual a 5. É por isso que forma um complexo $F = BH_4^{-1}$, por outro lado, o carbono com um k=2 tem uma valência esquelética de 4 e, por isso, pode formar um grupo como $F = CH_4$

5. O K=£ki, O K é a soma de todos os números de esqueleto dos elementos químicos e ligandos dentro da fórmula do cluster.

6. O valor K é sempre um número inteiro.

7. K=n+t onde o próprio **K** representa todas as ligações esqueléticas dentro da fórmula do cluster, e **n** representa as ligações esqueléticas primárias, e **t** as ligações esqueléticas secundárias.

8. A partir de K=n+t, podemos deduzir a fórmula **SHAPE** de um agregado.

9. K representa a escassez de pares de electrões numa fórmula de grupo que são necessários para cada um dos elementos esqueléticos para obter uma configuração de gás nobre.

10. O $\mathbf{K^* = D\ C^{zy}}$, em que $\mathbf{D^z}$ representa um conjunto de elementos esqueléticos que se encontram normalmente no núcleo e $\mathbf{C^y}$ representa outro conjunto de elementos esqueléticos que se encontram na camada exterior. K* é também referido como o parâmetro de categorização. O parâmetro de categorização permite-nos organizar todos os grupos químicos numa **TABELA PERIÓDICA**, tal como o número atómico Z nos permite organizar os elementos químicos numa tabela periódica.

11. Os super-escritos^z e^y no parâmetro de categorização estão inter-relacionados através de z+y=n, em que n é a soma de todos os elementos esqueléticos numa fórmula de agrupamento.

12. A descoberta de um Núcleo de Aglomerado. Descobriu-se que alguns aglomerados possuem núcleos de aglomerados.

EQUAÇÕES DOS ELECTRÕES DE VALÊNCIA
ELEMENTOS DO GRUPO PRINCIPAL.

13. VE = 4n + q, em que **n** é o número de elementos esqueléticos numa fórmula de agregado e **q** é uma variável numérica.

14. VE = 8n - 2K, em que **n** é o número de elementos esqueléticos numa fórmula de agrupamento e **K** é um número de agrupamento da fórmula.

15. VE = 4z + 2 + 2y em que z e y são derivados do parâmetro de categorização.

16. VF-2n=2z+2;(grupo principal)

17. VF-4n=2-2y;(grupo principal)

METAIS DE TRANSIÇÃO

18. VE = 14n + q

19. VE = 18n - 2K

20. VE = 14z + 2 + 12y

21. VF-12n=2z+2:(TM)

22. VF-14n=2-2y; (TM)

LANTANÍDEOS E ACTINÍDEOS

23. VE = 28n + q

24. VE = 32n - 2K

25. VE = 28z + 2 + 26y

26. VF-26n=2z+2; (L/A)

27. VF-28n=2-2y; (L/A)

28. Os electrões de valência **VE** são geralmente um número par.

TEORIAS DE AGLOMERADOS QUÍMICOS.

29. Teoria da dupla cobertura que se refere a $K^*=D\ C^{zy}$ **(z+y =n)** e abrange uma vasta gama de aglomerados, desde hidrocarbonetos a carbonilos metálicos e aglomerados metálicos.

30. Teoria dos anéis para a construção de formas de aglomerados químicos.

31. Teoria da mutação de anéis para a construção de isómeros de hidrocarbonetos.

32. $K=2n\pm q$

33. Teoria da convergência; e confirmação das seguintes leis naturais - regra dos 8 electrões, elementos do grupo principal

- Regra dos 18 electrões, metais de transição
- 32 regras electrónicas, lantanídeos e actinídeos

34. Os elementos esqueléticos possuem números esqueléticos positivos, enquanto os ligandos possuem números esqueléticos negativos. Por cada eletrão doado pelo ligando, k=-0,5.

35. Todas as fórmulas de cluster possuem números de cluster (K) que são números inteiros. As fórmulas de cluster neutras têm números de cluster não fraccionários; caso contrário, será incluída uma carga negativa ou positiva para que a fórmula de cluster tenha um número de cluster não fracionário.

Uma fórmula de agregado carregada está normalmente associada a elementos esqueléticos que têm números esqueléticos fraccionários em múltiplos de 0,5

36. A descoberta do duplo sentido da ligação química.

37. Relações isolobais entre clusters utilizando o número de cluster.

38. Geração da SÉRIE ALKANE A PARTIR DE $CH_4(K=0)$ e $CH_2(K=1)$

39. AS FORMAS RESSONANTES DOS AGLOMERADOS OBEDECEM À LEI NATURAL
DE NÚMEROS ESQUELÉTICOS

REALIZAÇÕES DA TEORIA DOS CLUSTERS

1. Hidrocarbonetos.

A teoria dos clusters tem sido capaz de explicar a ordem e as formas dos hidrocarbonetos

2. Boranes.

A teoria dos clusters tem sido capaz de explicar a ordem e as formas dos Boranes.

3. Heteroboranos

4. Metaloboranos.

A teoria dos clusters tem sido capaz de explicar a ordem e as formas dos metaloboranos.

5. Aglomerados de Ouro.

A teoria dos aglomerados foi capaz de explicar a ordem e as formas dos aglomerados dourados.

6. Aglomerados de iões Zintl.

A teoria dos aglomerados tem sido capaz de explicar a ordem e a forma dos aglomerados de iões de zinco.

7. Aglomerados de Matryoshka.

A teoria dos aglomerados conseguiu explicar a ordem e as formas dos aglomerados de matryoshka.

8. Aglomerados de carbonilo metálico.

A teoria dos aglomerados tem sido capaz de explicar a ordem e a forma dos aglomerados de carbonilo metálico.

9. Lantanídeos e Actinídeos.

10. Complexos de sanduíches

A teoria dos clusters foi capaz de explicar a ordem e a forma dos lantanídeos e actinídeos.

CAPÍTULO 12

POTENCIAIS APLICAÇÕES INDUSTRIAIS DA TEORIA DOS CLUSTERS

1. Catálise.

Mais de 90% dos compostos químicos industriais são produzidos com recurso a catalisadores.

2. Supercondutores.

A teoria dos agregados pode ser utilizada para identificar os compostos que possuem propriedades de supercondutividade. Os materiais que possuem propriedades de supercondutividade são amplamente utilizados no fabrico de computadores de alta velocidade, comboios de alta velocidade e equipamento médico como a ressonância magnética (**MRI**). Estas máquinas são utilizadas para detetar doenças como os tumores cerebrais. Além disso, são utilizadas no fabrico de equipamento utilizado na investigação, incluindo a **RMN** (Ressonância Magnética Nuclear).

3. DESVIO DE SÍNTESE QUÍMICA

Isto significa que será possível sintetizar determinados produtos químicos sem recorrer a técnicas analíticas como o IR (infravermelho), o UV (ultravioleta) e a espetroscopia de massa (espetroscopia de massa). Apenas a análise XRAY é de importância vital neste contexto, pelo que os métodos XRAY podem ser utilizados em conjunto com a teoria dos aglomerados para obter resultados de análise XRAY de alta resolução. Isto irá criar um enorme impulso na indústria química.

4. DEFESA E SEGURANÇA

[st]A transformação de uma fórmula química num número a partir do qual se pode gerar uma forma de aglomerado é um grande avanço nas descobertas do século XXI. A digitalização dos aglomerados químicos poderá, a longo prazo, ser aplicada no domínio das aplicações militares.

5. Análise estrutural de cristais de raios X

A TABELA PERIÓDICA COM NÚMEROS ESQUELÉTICOS

Key
element name
atomic number
symbol
skeletal number

Each cell below lists: atomic number, symbol, and skeletal number.

1	2	3	4	5	6	7	8	9	10	11	12	13	14	15	16	17	18
1 H 0.5																	2 He 0
3 Li 3.5	4 Be 3											5 B 2.5	6 C 2	7 N 1.5	8 O 1	9 F 0.5	10 Ne 0
11 Na 3.5	12 Mg 3											13 Al 2.5	14 Si 2	15 P 1.5	16 S 1	17 Cl 0.5	18 Ar 0
19 K 3.5	20 Ca 3	21 Sc 7.5	22 Ti 7	23 V 6.5	24 Cr 6	25 Mn 5.5	26 Fe 5	27 Co 4.5	28 Ni 4	29 Cu 3.5	30 Zn 3	31 Ga 2.5	32 Ge 2	33 As 1.5	34 Se 1	35 Br 0.5	36 Kr 0
37 Rb 3.5	38 Sr 3	39 Y 7.5	40 Zr 7	41 Nb 6.5	42 Mo 6	43 Tc 5.5	44 Ru 5	45 Rh 4.5	46 Pd 4	47 Ag 3.5	48 Cd 3	49 In 2.5	50 Sn 2	51 Sb 1.5	52 Te 1	53 I 0.5	54 Xe 0
55 Cs 3.5	56 Ba 3		72 Hf 7	73 Ta 6.5	74 W 6	75 Re 5.5	76 Os 5	77 Ir 4.5	78 Pt 4	79 Au 3.5	80 Hg 3	81 Tl 2.5	82 Pb 2	83 Bi 1.5	84 Po 1	85 At 0.5	86 Rn 0
87 Fr 3.5	88 Ra 3		104 Rf 7	105 Db 6.5	106 Sg 6	107 Bh 5.5	108 Hs 5	109 Mt 4.5	110 Ds 4	111 Rg 3.5	112 Uub 3						

57 La 14.5	58 Ce 14	59 Pr 13.5	60 Nd 13	61 Pm 12.5	62 Sm 12	63 Eu 11.5	64 Gd 11	65 Tb 10.5	66 Dy 10	67 Ho 9.5	68 Er 9	69 Tm 8.5	70 Yb 8	71 Lu 7.5
89 Ac 14.5	90 Th 14	91 Pa 13.5	92 U 13	93 Np 12.5	94 Pu 12	95 Am 11.5	96 Cm 11	97 Bk 10.5	98 Cf 10	99 Es 9.5	100 Fm 9	101 Md 8.5	102 No 8	103 Lr 7.5

RECONHECIMENTO

O autor deseja agradecer à sua família o facto de lhe ter proporcionado um ambiente propício à realização do trabalho, e também deseja agradecer a Phillip Omadi Opio pela conceção da tabela periódica e a Turigye Micheal pela ajuda na edição do trabalho.

REFERÊNCIAS

1. Zhong-Ming Sun, Chao Liu, Ivan A. Popov, Alexander Boldyrev, Zhongfang Chen. "Aromaticidade e Antiaromaticidade em Clusters de Zintl". *Chemistry - A European Journal*, 2018, **24**, 14418-14429. DOI: [10.1002/chem.201801715](https://doi.org/10.1002/chem.201801715).

2. Lei Qiao, Chao Zhang, Cong-Cong Shu, Harry W. T. Morgan, John E. McGrady, Zhong-Ming Sun. "[Cu4@E18]4- (E = Sn, Pb): Derivados fundidos de estanasfereno e plumbasfereno endoédricos". *Journal of the American Chemical Society*, 2020, **142**, 1328813293. DOI: [10.1021/jacs.0c05989](https://doi.org/10.1021/jacs.0c05989).

3. Xiaoming Huang, Jijun Zhao, Yan Su, Zhongfang Chen, R. Bruce King. "Design de aglomerados de Matryoshka Icosaédricos de três conchas A@B12@A20 (A = Sn, Pb; B = Mg, Zn, Cd, Mn)." *Ciência Química*, 2024, **15**, 1018-1025. DOI: [10.1039/D3SC03868D](https://doi.org/10.1039/D3SC03868D).

4. Yi Wang, John E. McGrady, Zhong-Ming Sun. "Aniões Zintl do Grupo 14 baseados em soluções: New Frontiers and Discoveries." * Relatórios de Pesquisa Química *, 2021, ** 54 **, 1506-1516. DOI: [10.1021/acs.accounts.1c00101](https://doi.org/10.1021/acs.accounts.1c00101).

5. Annette Spiekermann, Stephan D. Hoffmann, Florian Kraus, Thomas F. Fassler. "[Au3Ge18]5-A Gold-Germanium Cluster with Remarkable Au-Au Interactions." *Angewandte Chemie International Edition*, 2007. DOI: [10.1002/anie.200602003](https://doi.org/10.1002/anie.200602003).

6. Esra Ogun, Okan Esenturk, Emren Nalbant Esenturk. "Propriedades ópticas e vibracionais de aglomerados de iões Zintl de germânio integrados em níquel". *Inorganica Chimica Ata*, 2019. DOI: [10.1016/j.ica.2019.02.041](https://doi.org/10.1016/j.ica.2019.02.041).

7. "[Ge2P2]2-: um análogo binário de P4 como precursor do anião de aglomerado ternário [Cd3(Ge3P)3]3-." *Chemical Communications*, 2017. DOI: [10.1039/C7CC08348C](https://doi.org/10.1039/C7CC08348C).

8. K. Beuthert, B. Peerless, S. Dehnen. "Visão sobre a formação de clusters de carbonila de bismuto-tungstênio". *Communications Chemistry*, 2023, **6**, 109. DOI: [10.1038/s42004-023-00905-6](https://doi.org/10.1038/s42004-023-00905-6).

9. H. Wang, X. Zhang, Y. Ko, et al. "Moieties de anião Zintl de alumínio dentro de clusters de alumínio de sódio". *The Journal of Chemical Physics*, 2014, **140**, 054301.

10. "Um Aglomerado Zintl Endoédrico de Casca Aberta Altamente Distorcido: [Mn@Pb12]3-." *Inorganic Chemistry*, 2011, **50**, 17, 8028-8037. DOI: [10.1021/ic200329m](https://doi.org/10.1021/ic200329m).

11. "Estudos de Reatividade de [Co@Sn9]4- com Reagentes de Metais de

Transição: Síntese Bottom-Up de Clusters de Zintl Funcionalizados Ternários." *Inorganic Chemistry*, 2018, **57**, 6, 3025-3034. DOI: [10.1021/acs.inorgchem.7b02620](https://doi.org/10.1021/acs.inorgchem .7b02620).

12. Pan, F., Li, L., Wang, Y., Guo, J., Zhai, H., Xu, L., & Sun, Z. "Um Complexo Sanduíche Aromático AllMetal [Sb3Au3Sb3](3-)." *Journal of the American Chemical Society*, 2015, **137**, 34, 10954-7.

13. "Aglomerados deltaédricos heteroatómicos de elementos do grupo principal: síntese e estrutura dos iões Zintl [In4Bi5]3-, [InBi3]2-, e [GaBi3]2-." *Inorganic Chemistry*, 39, 23, 5383-9.

14. M.C. Gimeno. *Química Supramolecular Moderna do Ouro: Gold-Metal Interactions and Applications*. Wiley-VCH, 2008. ISBN: 978-3-52732029-5.

15. J. Kilmartin. *Clusters moleculares de ouro como precursores de catalisadores heterogéneos*. Tese de Doutoramento, 2020.

16. Niels Lichtenberger. *Beitrage zur Zintl-Chemie der Elemente der 6. Periode im Festkorper und in Losung*. Marburg, 2018.

Livros de Enos Masheija Rwantale Kiremire:

17. Enos Masheija Rwantale Kiremire. *Teoria da Convergência de Aglomerados Químicos. LAP Lambert Academic Publishing, outubro de 2022. ISBN: 9786205509456.

18. Enos Masheija Rwantale Kiremire. *Analise de Clusters de Lantanideos e Actinoides*. Edigoes Nosso Conhecimento, janeiro de 2023. ISBN: 9786205566190.

19. Enos Masheiq Rwantale Kiremire. *Genezis OdinocHNYH Par I Skrytyh KlasteroV Protivoionov*. Sciencia Scripts, janeiro de 2023. ISBN: 9786205478356.

20. Enos M. R. Kiremire. *Istinnyj Smysl Teorii Konwergencii Himicheskih Klasterow*. Sciencia Scripts, agosto de 2023. ISBN: 9786206408758.

21. Algumas Leis Naturais Conhecidas dos Aglomerados Químicos
Kiremire, Prof. Enos Masheija Rwantale
Publicado por LAP LAMBERT Academic Publishing, 2024
ISBN 10: 6207639707 / ISBN 13: 9786207639700

20. Enos Masheija Rwantale Kiremire. *Teoria da Convergência dos Aglomerados Químicos. Edições Notre Savoir, outubro de 2022. ISBN: 9786205320327.

21. Enos Kiremire. *The New Cluster Theory as a Vital Companion for Refined X-ray Crystal: Structural Analysis of Chemical Clusters*. LAP Lambert Academic Publishing, 2021. ISBN: 9786203409918.

22. Enos Kiremire. *A New Approach to Cluster Theory of Chemical Clusters* (Uma Nova Abordagem à Teoria dos Aglomerados Químicos). LAP Lambert Academic Publishing, julho de 2019. ISBN: 9786202079014.

23. Enos Kiremire. *O Código Secreto. LAP Lambert Academic Publishing,

novembro de 2020. ISBN: 9786203040833.

24. Enos Masheija Rwantale Kiremire. *Classificação de Supercondutores Utilizando Números Esqueléticos*. LAP Lambert Academic Publishing, maio de 2023. ISBN: 9786206166085.

25. Enos Masheija Rwantale Kiremire. *Simetria de aglomerados de iões de Zintl*. LAP Lambert Academic Publishing, agosto de 2023. ISBN: 9786206161467.

26. Enos Masheija Rwantale Kiremire. *A Teoria dos Anéis e a Génese do Petróleo e do Gás. LAP Lambert Academic Publishing, setembro de 2023. ISBN: 9786206784456.

27. Enos Masheija Rwantale Kiremire. *Teoria da separação e aglomerados químicos. LAP Lambert Academic Publishing, novembro de 2023. ISBN: 9786207447206.

28. Análise de Aglomerados Químicos Gigantes (Brochura)
Prof. Enos Masheija Rwantale Kiremire
Publicado por LAP Lambert Academic Publishing, 2024
ISBN 10: 620764977X / ISBN 13: 9786207649778

29. A Nova Ordem dos Aglomerados Químicos: 2n/6n
Kiremire, Prof. Enos Masheija Rwantale
Publicado por LAP Lambert Academic Publishing, 2024
ISBN 10: 6207465687 / ISBN 13: 9786207465682

yes
I want morebooks!

Buy your books fast and straightforward online - at one of world's fastest growing online book stores! Environmentally sound due to Print-on-Demand technologies.

Buy your books online at
www.morebooks.shop

Compre os seus livros mais rápido e diretamente na internet, em uma das livrarias on-line com o maior crescimento no mundo! Produção que protege o meio ambiente através das tecnologias de impressão sob demanda.

Compre os seus livros on-line em
www.morebooks.shop

Printed by Books on Demand GmbH, Norderstedt / Germany